构建跨平台APP
响应式UI设计入门

杨旺功 赵荣娇 编著

清华大学出版社
北京

内容简介

基于"响应式内容"的本质,页面应该在任何合理屏幕大小的设备上看上去都很舒服,我们做设计的就应该站在用户的角度考虑,一切设计都应该看上去很美、很实用。本书的响应式设计正是基于这一理念,从小到一个图标,大到完整的页面布局,都从响应式UI设计入手,适合所有响应式设计的入门人员和中小企业的网站搭建人员学习。

本书分为3篇共11章,第一篇是响应式设计基础,我们首先介绍清楚到底什么是响应式设计,然后介绍分解响应式设计页面,包括页面中的元素、页面的布局、导航栏、多媒体等;第二篇是响应式设计框架,详细介绍了目前使用最广泛的Bootstrap框架,包括它的各种样式设计和特效设计;最后一篇是实战,用一个Bootstrap贴吧和HTML5扁平化公司主页,实践前面所学的内容。

本书技术新颖、内容精练、结构清晰、注重实战,适合广大网页设计或移动设计初学人员学习,同时也非常适合大中专院校师生学习阅读,也可作为高等院校计算机及相关专业的教材使用。

本书封面贴有清华大学出版社防伪标签,无标签者不得销售。
版权所有,侵权必究。侵权举报电话:010-62782989 13701121933

图书在版编目(CIP)数据

构建跨平台APP:响应式UI设计入门 / 杨旺功,赵荣娇编著. —北京:清华大学出版社,2016
ISBN 978-7-302-43797-0

Ⅰ. ①构… Ⅱ. ①杨… ②赵… Ⅲ. ①移动终端-应用程序-人机界面-程序设计 Ⅳ. ①TN929.53

中国版本图书馆CIP数据核字(2016)第100157号

责任编辑:夏非彼
封面设计:王 翔
责任校对:闫秀华
责任印制:何 芊

出版发行:清华大学出版社
网　　址:http://www.tup.com.cn,http://www.wqbook.com
地　　址:北京清华大学学研大厦A座
邮　　编:100084
社 总 机:010-62770175
邮　　购:010-62786544
投稿与读者服务:010-62776969,c-service@tup.tsinghua.edu.cn
质 量 反 馈:010-62772015,zhiliang@tup.tsinghua.edu.cn

印 装 者:北京鑫海金澳胶印有限公司
经　　销:全国新华书店
开　　本:190mm×260mm
印　　张:12.75
字　　数:326千字
版　　次:2016年7月第1版
印　　次:2016年7月第1次印刷
印　　数:1~3000
定　　价:49.00元

产品编号:067444-01

前 言

响应式Web设计（Responsive Web design）的理念是：页面的设计与开发应当根据用户行为以及设备环境（系统平台、屏幕尺寸、屏幕定向等）进行相应的响应和调整。具体的实践方式由多方面组成，包括弹性网格和布局、图片、CSS media query的使用等。无论用户正在使用笔记本还是iPad，我们的页面都应该能够自动切换分辨率、图片尺寸及相关脚本功能等，以适应不同设备。换句话说，页面应该有能力去自动响应用户的设备环境。

目前，响应式设计仍然在不断变化，不断创新。比如，新的设备不断出来（iPad Pro、iPad Mini 4、小米Note），这让以前的设计想法土崩瓦解。而各种Web的响应式设计也获得了越来越多的注意，"让人们忘记设备尺寸"的理念将更快地驱动响应式设计，所以Web设计也将迎来更多的响应式设计元素。随着各种移动设备的不断出现，响应式设计不再新鲜，但却成为我们UI身边不可缺少的元素。

本书就是一本梳理响应式设计元素的图书，它的目的是让所有UI设计人员找到设计方向，完善设计理念和方法。从而使自己设计的网站能够兼容多个终端——而不是为每个终端做一个特定的版本。这样，我们就可以不必为不断到来的新设备做专门的版本设计和开发了。

与其他书的区别

（1）细分响应式页面中的各个元素，从小地方入手，了解响应式设计的精髓。

详解响应式设计涉及的文字、表单、框架、图片、视频等基础元素，帮读者一步一步打下响应式设计的基础。

（2）实例佐证技术的讲解方式，每个技术点都伴有实例，让读者能看完就学会。

全书的技术点不仅仅有理论知识，还有大量的HTML 5和CSS 3代码，让读者可以看、可以动手，可以通过一点一滴的操作逐步掌握所有技术。

（3）紧贴流行的设计趋势，让读者不仅能学会现在的设计方式，还能看清什么样的设计才是好的设计和未来的设计。

大部分例子都提供了宽屏和窄屏的设计效果，并讲解了各种设计下的书写技巧。

进阶路线

本书共3篇11章，主要章节规划如下。

第一篇（第1章~第5章）响应式设计基础篇

讲述了响应式设计的由来和简单发展，通过响应式网页中的元素、响应式布局、响应式导航、响应式多媒体等4个模块，详细介绍了响应式设计中我们需要学习和关注的技术点。

第二篇（第6章~第9章）响应式设计框架篇

讲述了如何使用响应式框架Bootstrap，包括它的样式设计、组件设计、特效设计三大模块，每个模块都辅助了很多小例子，让读者能一看就会。

第三篇（第10章~第11章）响应式网站设计实战篇

本篇包含两个完整案例，一个是利用框架实现的响应式后台管理，一个是利用扁平式结构实现的公司宣传主页。

本书适合的读者

本书适合任何对Web设计感兴趣的读者进行阅读，示例中会涉及一些HTML和CSS代码，理解这些代码会极大地帮助你深入了解响应式Web设计开发中的技巧。

- 前端工程师
- 设计师
- 产品经理
- 架构师
- 项目经理
- 大中专院校的学生
- 可作为各种培训学校的入门教程

作者简介

杨旺功，男，毕业于重庆邮电大学，硕士，现任职于北京印刷学院设计艺术学院教师。具有丰富的数字媒体交互产品设计和移动应用UI设计的教学经验。在数字化艺术与设计领域成果显著，著有《给设计师看的交互程序设计书——FLASH ACTIONSCRIPT 3.0溢彩编程》《Flex 4.0 RIA开发宝典》等教材，并发表多篇数字化艺术与设计的论文。主要方向是信息与交互设计产品创新设计，对信息与交互设计有深入的研究。

赵荣娇，女，毕业于中国传媒大学，工学硕士。目前就职于阿里去啊，担任前端开发工程师，曾参与旅游特卖首页、1688订单等项目开发。热爱技术，喜欢分享。中国传媒大学新媒体研究院主办《信息科技周刊》总编辑、《新媒体技术动态》发起人。

本书第1~5章由阿里去啊的赵荣娇编写，第6~11章北京印刷学院设计艺术学院的杨旺功编写，参与创作的还有陈宇、刘轶、姜永艳、马飞、王琳、张鑫、张喆、赵海波、肖俊宇、欧阳薇、周瑞、李为民、陈超、杜礼、孔峰。

本书代码下载地址（注意数字和字母大小写）如下：
http://pan.baidu.com/s/1boCkSkZ

如果下载有问题，请电子邮件联系booksaga@163.com，邮件主题为"构建跨平台APP：响应式UI设计入门源码"。

编者
2016年5月

目 录

第1章 传说中的响应式设计 1
  1.1 支持跨平台设备的响应式设计 1
      1.1.1 什么样的设计是响应式的 1
      1.1.2 响应式设计坚守的4大原则 3
  1.2 响应式设计与其他页面设计的对比 4
      1.2.1 固定布局 5
      1.2.2 流式布局 7
  1.3 实战：创建一个响应式网页 9
      1.3.1 设置HTML文档的Meta标签 9
      1.3.2 设计HTML文档结构 9
      1.3.3 使用CSS 3媒介查询 10
      1.3.4 运行第一个响应式页面 12
  1.4 小结 14

第2章 响应式网页中的元素 15
  2.1 文字 15
  2.2 表单 18
      2.2.1 自定义Radiobox 19
      2.2.2 自定义Checkbox动画 21
      2.2.3 美化输入框 24
      2.2.4 下拉框 27
  2.3 框架 28
      2.3.1 传统的iFrame框架 29
      2.3.2 响应式的iFrame框架 29
  2.4 实战：实现一个响应式登录表单 31
      2.4.1 设置登录表单的HTML结构 31
      2.4.2 设计登录表单的通用样式 33
      2.4.3 使用CSS 3媒介查询实现响应式登录表单 35
  2.5 小结 37

第3章 响应式布局 38
  3.1 布局切换 38
  3.2 侧边栏 40
  3.3 宽高等比例变化 44
  3.4 列表 46
      3.4.1 定义列表分级菜单 46
      3.4.2 列表切换效果 48
  3.5 表格 52
      3.5.1 简单自适应表格 52

|构建跨平台APP：响应式UI设计入门|

   3.5.2 翻转滚动表格 55
   3.5.3 隐藏表格栏目 60
  3.6 实战：响应式商品展示列表 61
  3.7 小结 64

第4章 响应式导航 65
  4.1 响应式导航菜单设计五大原则 65
   4.1.1 按照优先级显示内容 65
   4.1.2 用创造力来处理有限的空间 66
   4.1.3 下拉菜单 66
   4.1.4 给导航菜单换位置 66
   4.1.5 放弃导航菜单 66
  4.2 导航类型 66
   4.2.1 单层导航 67
   4.2.2 多层导航 70
   4.2.3 面包屑导航 72
  4.3 页码设计 73
  4.4 小结 75

第5章 响应式多媒体 76
  5.1 图标的响应式 76
  5.2 图像 78
   5.2.1 可适配的图像 78
   5.2.2 图像网格 80
  5.3 视频 84
   5.3.1 内嵌视频响应式的难点 85
   5.3.2 从其他网站中手动嵌入视频 85
  5.4 响应式图表 86
   5.4.1 一款响应式图表库 86
   5.4.2 带Tooltip提示的线形图 88
   5.4.3 简单的饼图 91
  5.5 小结 93

第6章 Bootstrap入门 94
  6.1 初次接触Bootstrap 94
   6.1.1 Bootstrap的优势 94
   6.1.2 下载Bootstrap 96
  6.2 在网站中引入Bootstrap 97
  6.3 调用Bootstrap的样式 98
  6.4 调用Bootstrap的组件 100
  6.5 调用Bootstrap的js特效 101
  6.6 实战：一个Bootstrap实现的响应式页面V1.0 102
  6.7 小结 104

第7章 Bootstrap的样式设计 105
  7.1 字体 105
   7.1.1 标题 105
   7.1.2 全局字体和段落 106
  7.2 表格 107

   7.2.1 基本用法 108
   7.2.2 表格的附加样式 108
   7.2.3 为表格行或单元格添加状态标识 110
   7.2.4 响应式表格 112
  7.3 表单 112
  7.4 按钮 115
   7.4.1 按钮的基本样式 115
   7.4.2 调节按钮大小 116
   7.4.3 块级按钮 117
   7.4.4 为按钮设置不可点击样式 118
  7.5 图片 118
   7.5.1 图片类 118
   7.5.2 响应式图片 119
  7.6 Bootstrap工具类 119
   7.6.1 响应式工具 119
   7.6.2 工具类 120
  7.7 实战：Bootstrap响应式页面V2.0 122
  7.8 小结 123

第8章 Bootstrap的组件设计 124

  8.1 下拉菜单 124
  8.2 按钮组 125
   8.2.1 垂直排列的按钮组 126
   8.2.2 两端对齐的按钮组 126
   8.2.3 嵌套按钮组 127
  8.3 input控件组 128
   8.3.1 最常见的搜索框 128
   8.3.2 带提示的搜索框 128
  8.4 导航 129
   8.4.1 胶囊式导航 129
   8.4.2 面包屑导航 130
   8.4.3 头部导航 130
  8.5 列表组 133
  8.6 分页 134
   8.6.1 普通的分页 134
   8.6.2 上一页/下一页 135
  8.7 标签 136
  8.8 面板 137
  8.9 进度条 139
  8.10 缩略图 140
  8.11 实战：Bootstrap响应式页面V3.0 142
  8.12 小结 143

第9章 Bootstrap的特效设计 144

  9.1 模态对话框 144
  9.2 标签页切换 146
  9.3 Tootip 147
  9.4 弹出框 147
  9.5 折叠 148

9.6 幻灯片 149
9.7 实战：Bootstrap响应式页面V4.0 151
9.8 小结 153

第10章 使用Bootstrap实现一个百度贴吧后台 154

10.1 确定后台管理的需求 154
10.2 设计页面布局 155
 10.2.1 引入Bootstrap 3框架 155
 10.2.2 实现页面布局代码 156
10.3 设计导航栏 157
 10.3.1 构建导航的整体架构 157
 10.3.2 设计标题和导航链接 158
 10.3.3 实现搜索框和通知系统 158
 10.3.4 实现管理员的登录信息 159
 10.3.5 构建响应式导航 160
10.4 设计左侧边栏 162
10.5 设计主功能部分 163
 10.5.1 主功能的头部 163
 10.5.2 主功能的帖子列表 165
10.6 小结 168

第11章 使用HTML 5设计扁平化的公司主页 169

11.1 响应式设计的关键 169
11.2 导航栏的设计 170
 11.2.1 列表的实现 170
 11.2.2 弹出式菜单的实现 174
11.3 主功能部分的设计 176
 11.3.1 什么是视差滚动效果 176
 11.3.2 视差效果的实现 176
 11.3.3 图文列表的实现 178
11.4 小结 183

附录 CSS 3选择器使用一览 184

f1.1 标签选择器 184
f1.2 类选择器 184
f1.3 id选择器 185
f1.4 通配符选择器 186
f1.5 子元素选择器 186
f1.6 后代元素选择器 187
f1.7 相邻元素选择器 187
f1.8 属性选择器 188
f1.9 组选择器 188
f1.10 复合选择器 189
f1.11 结构化伪类 190
f1.12 目标伪类:target 195
f1.13 状态伪类 195
f1.14 否定伪类:not(S) 196

传说中的响应式设计

第 1 章

响应式设计已成为最新的Web设计趋势,并且已成为人们热议的话题。许多网站都已采用响应式来设计网站,响应式设计也正在改变人们的网站设计方式。不仅网站的设计方式改变了,作为Web设计师也不得不与时俱进,积极接受新事物,不断改善和提升自己。

曾几何时,打开新浪或搜狐的主页,我们已被满屏的文字刺得眼花缭乱,而这些内容显示在手机上,则让人无所适从,更无从下手。响应式设计让我们可以在电脑上、iPad上和手机上实现看似相同实则不同的设计,而且让一切自动实现转换。

本章的主要内容是:

- 了解什么是响应式设计
- 知道响应式设计的设计原则
- 响应式设计与网页其他布局的区别
- 创建一个简单的响应式网页

1.1 支持跨平台设备的响应式设计

响应式Web设计(Responsive Web design)的理念是:集中创建页面的图片排版大小,可以智能地根据用户行为以及使用的设备环境(系统平台、屏幕尺寸、屏幕定向等)进行相对应的布局。

1.1.1 什么样的设计是响应式的

页面可以根据用户的设备尺寸或浏览器的窗口尺寸来自动地进行布局的调整,这就是响应式布局。在这个移动互联兴起的时代,响应式布局占据着越来越重要的地位。图1.1是一个直观的响应式布局设计示意图。

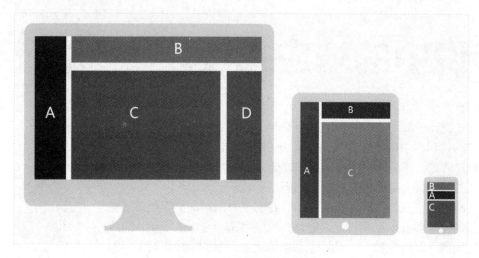

图1.1 响应式布局设计示意图

我们来看图1.2和图1.3,这是两个典型的响应式设计案例,读者可以直观地感受一下。

图1.2 响应式设计案例1

图1.3 响应式设计案例2

近年来，移动互联网发展势头迅猛，尤其是高性能智能手机和平板的普及，使得在移动设备上浏览绚丽的页面成为可能（相对于曾经的WAP手机站来说）。响应式设计越来越流行，预计在不久的将来，大部分的网站都会拥抱移动，响应式页面将会成为主流选择。

1.1.2 响应式设计坚守的4大原则

响应式设计对于解决这么多类型的屏幕问题来说是个不错的方案，但作为一门专业的设计，我们需要注意一些基本的设计原则：

- 移动优先还是PC优先
- 内容流
- 位图还是矢量图
- 相对单位和固定单位

1．移动优先还是PC优先

随着移动互联网的发展，很多小型创业企业甚至没有了自己的网站，只有一个APP应用。在这个时代，网站项目是从小屏幕入手过渡到大屏幕（移动优先），还是从大屏幕入手过渡到小屏幕（PC优先），成为企业考虑的首要问题。

传统的大企业改造型网站，大部分是从大屏幕逐步过渡到小屏幕，而且在过渡到小屏幕时会碰到一些额外的限制，如没法在第一页面显示更多的内容，要更简洁，具体到要放哪些标签就需要决策的内容。

在新兴的创业公司中，通常情况下都会从两方面同时着手，所以具体哪个优先还是要看哪种方式最适合你。

2．内容流

随着移动屏幕尺寸越来越小，内容所占的垂直空间也越来越多。也就是说，内容会向下方延伸，这被称为"内容流"。早先的Web设计师习惯了使用像素和点来设计页面，可能会觉得这有点难以掌握。不过好在它很简单，多多练习就习惯了。图1.4展示了两种设计状态下页面内容变宽后的效果。

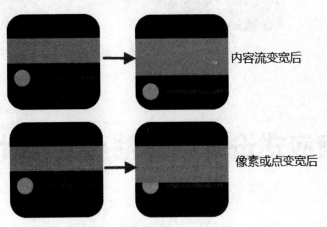

图1.4 内容流对比

3. 位图还是矢量图

以前我们知道，当一张图片被放大后就会出现比较"虚"的情况，这种图是位图；而放大后不变"虚"的则是矢量图。我们先来了解一下两者的概念。

矢量图使用线段和曲线描述图像，所以称为矢量，同时图形也包含了色彩和位置信息。

位图使用像素（一格一格的小点）来描述图像，计算机屏幕其实就是一张包含大量像素点的网格，在位图中，图像由每一个网格中的像素点的位置和色彩值来决定，每一点的色彩是固定的，所以放大后观看图像时，每一个小点看上去就像是一个马赛克，这就是我们常说的"虚"。

在响应式设计中，图标或图像都会涉及这个问题。如果我们的图标有很多细节，并且应用了很多华丽的效果，那就用位图；否则，考虑使用矢量图。如果是位图，使用jpg、png或gif；矢量图则最好使用SVG或图标字体。位图和矢量图两者各有利弊。矢量图通常比较小，很适合移动端来展示，但部分比较老的浏览器可能不支持矢量图。还有，有些图标有很多曲线，可能导致它的大小比位图还大，所以要根据实际情况明智取舍。

4. 相对单位和固定单位

对于设计师而言，我们的设计对象可能是桌面屏幕，也可能是移动端屏幕或者介于两者之间的任意屏幕类型。不同的终端像素密度也会不同，所以我们需要使用灵活可变且能够适应各种设备的单位。

传统的设计单位有px、pt、cm等等，但他们都是固定单位，没法实现跨平台展示；那么，在这种情况下，百分比等相对单位就到了发挥作用的时候了。使用百分比时，我们所说的宽度50%是表示宽度占屏幕大小（或者叫视区，即所打开浏览器窗口的大小）的一半，如图1.5所示。

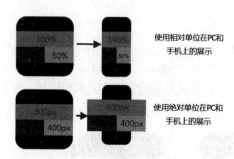

图1.5 绝对单位和相对单位对比

1.2 响应式设计与其他页面设计的对比

为了适应移动互联网大潮，传统的网页技术也在不断发展，还有一定的生存空间，如果不知道传统的技术，我们也不会了解响应式设计为什么这么流行，也不知道之前网页设计是如何实现的。本节介绍两种非常传统的网页布局方式：固定布局和流式布局。

1.2.1 固定布局

固定布局，顾名思义就是各个部分都采用固定宽度的页面布局，如果缩放页面到窗口宽度小于页面宽度时，就会导致部分内容不可见，必须通过滚动条的拖动才可以浏览全部内容。

虽然移动互联网来势汹汹，响应式设计、流式布局开始逐渐流行，但是在很多应用场景下，固定布局仍是最合适的。例如，B/S结构的企业应用、海报宣传性质的页面等等。而固定布局的稳定、简单、成熟也是前端技术选型中重要的考量。

在开发流程的表达上，固定布局也是成熟而稳定的，从产品经理的草图到设计师的PSD设计稿，再到前端页面，全都是静态的，思路的传递简单明晰、成本低廉。相对来说，响应式界面不仅在HTML/CSS编写上更为复杂，对产品经理和设计师的能力素质、沟通表达都有更高的要求，需要更多的沟通成本。

开发者不应当盲目追求概念，更需要根据团队的情况、产品的需求、成本的考量来综合考虑技术的选型。因此笔者认为即使移动风潮来势汹汹，固定布局在很多场合下仍然不失为合适的选择。

如图1.6所示，一个固定列宽的网页布局主要由3个部分组成：列（Column）、槽（Gutter）、外边距（Margin）组成。列的宽度决定了容器内部的宽度，槽的宽度决定了列与列之间的固定间距，外边距则表示container边界和实际内容之间的间距。

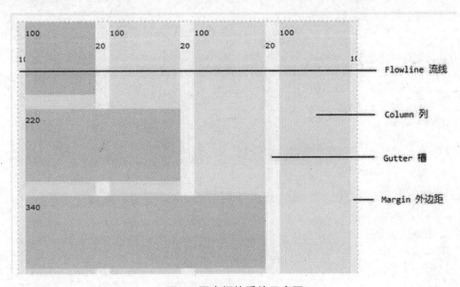

图1.6 固定栅格系统示意图

【示例1-1】

现在我们来看一段固定布局的源码：

```
/* 定义整个容器
---------------------------------------------------------------
```

```css
  ------------------------*/
  .container_12 {
    margin-left: auto;
    margin-right: auto;
    width: 960px;
  }

  /* `全局设置
  -------------------------------------------------------
  ------------------------*/
  .grid_1,
  .grid_2,
  .grid_3,
  .grid_4,
  .grid_5,
  .grid_6,
  .grid_7,
  .grid_8,
  .grid_9,
  .grid_10,
  .grid_11,
  .grid_12 {
    display: inline;
    float: left;
    margin-left: 10px;
    margin-right: 10px;
  }

  /* 分别设置栅格的宽度
  -------------------------------------------------------
  ------------------------*/
  .container_12 .grid_1 {
    width: 60px;
  }

  .container_12 .grid_2 {
    width: 140px;
  }

  .container_12 .grid_3 {
    width: 220px;
  }

  .container_12 .grid_4 {
    width: 300px;
  }

  .container_12 .grid_5 {
    width: 380px;
  }
```

```css
.container_12 .grid_6 {
  width: 460px;
}

.container_12 .grid_7 {
  width: 540px;
}

.container_12 .grid_8 {
  width: 620px;
}

.container_12 .grid_9 {
  width: 700px;
}

.container_12 .grid_10 {
  width: 780px;
}

.container_12 .grid_11 {
  width: 860px;
}

.container_12 .grid_12 {
  width: 940px;
}
```

这段代码涵盖了固定列宽的页面布局的主要内容，有以下几点：

- 设置容器，容器采用了960像素宽度居中的设置，需要设置width: 960px;并且左右两侧的外边距设置为auto，也可以简单地设置为margin : auto;。
- 将页面设计成一段段的栅格，栅格命名一般采用grid（格子）或者column（列）作为前缀进行表意，数字作为后缀表示栅格的列数。
- 设置页面全局属性，左浮动（float: left;）属性是必需的，此外还需要设置栅格之间的间隔宽度。此处设置左右两侧的外边距均为10像素。

1.2.2 流式布局

在响应式布局成熟之前，某些需要元素随窗口大小变化的需求往往采用Table进行布局，但是Table布局相对来说又有着不够灵活、结构复杂、语义性差的问题；而流式布局在某种程度上可以帮助开发者解决这个难题。对于流式布局来说，我们可以通过直接定义模块和模块间距的百分比的方式来实现。我们在前面讲解响应式设计原则的时候也提到过，使用相对单位而不是固定单位。

【示例1-2】

如下面给出一段流式布局的代码：

```css
.row-fluid [class*="span"] {
  display: block;
  float: left;
  width: 100%;
  min-height: 30px;
  margin-left: 2.127659574468085%;
  *margin-left: 2.074680851106383%;
  -webkit-box-sizing: border-box;
    -moz-box-sizing: border-box;
         box-sizing: border-box;
}

.row-fluid [class*="span"]:first-child {
  margin-left: 0;                                  /*设置第一个子元素的左外边距为0*/
}

.row-fluid .controls-row [class*="span"] + [class*="span"] {
  margin-left: 2.127659574468085%;
}

.row-fluid .span12 {
  width: 100%;
  *width: 99.94680851063829%;            /*老版本的IE浏览器兼容代码*/
}
```

【代码解析】

类似*width: 23.351063829787233%;这样的属性定义,原因是IE 6/7下宽度100%时是包含了外层滚动条的宽度的,因此需要针对性地做出兼容设置。

在流式布局页面中引入图片时会发现图片大小是固定的,怎样让图片随着窗口的大小调整显示大小呢?

我们只需要为图片元素添加max-width: 100%;和height: auto;属性,可以让图片按比例缩放不超过其父元素的尺寸。如果想让图片和父元素一直等宽的话,则将max-width: 100%;改为width: 100%;即可,例如下面的代码:

```html
<html>
  <head>
    <style>
      .respond_img{
         height:auto;
         width: 100%;
      }
    </style>
  </head>
    <div style="width:30%">
      <img class="respond_img" src=" http://img.gmw.cn/pic/404errorimg.png ">
    </div>
    <body>
</html>
```

如果不添加.respond_img类，图片会一直保持原始大小，添加后，图片则始终保持页面宽度的30%，且图片的宽高比例不变，不会导致失真。

1.3 实战：创建一个响应式网页

本节我们通过三个简单的步骤来创建一个响应式网页：设置HTML文档的Meta标签、设计HTML文档结构、使用CSS 3媒介查询。

> 注意 一般在实际应用中，只有简单页面才会手写媒介查询，复杂页面往往会采用各种响应式的框架来简化和规范开发。

1.3.1 设置HTML文档的Meta标签

首先，我们需要在页面中添加几个<meta>标签。

```
<meta name="viewport" content="width=device-width, initial-scale=1.0">
/*使用viewport meta标签在手机浏览器上控制布局*/
<meta name="apple-mobile-web-app-capable" content="yes" />
/*通过快捷方式打开时全屏显示*/
<meta name="apple-mobile-web-app-status-bar-style" content="blank" />
/*隐藏状态栏*/
<meta name="format-detection" content="telephone=no" />
/* iPhone会将看起来像电话号码的数字添加电话连接，应当关闭*/
```

为了让IE 9以下浏览器能够支持响应式，可以加上一个兼容性的JavaScript库，目前比较流行的有media-queries.js或者respond.js。

```
<!--[if lt IE 9]>
<script src="http://css3-mediaqueries-js.googlecode.com/svn/trunk/css3-mediaqueries.js"></script>
<![endif]-->
```

1.3.2 设计HTML文档结构

现在构建HTML结构，这里我们将上面的Meta标签添加好。

```
<!DOCTYPE>
<html>
  <head>
    <meta name="viewport" content="width=device-width, initial-scale=1.0">
    <meta name="apple-mobile-web-app-capable" content="yes" />
    <meta name="apple-mobile-web-app-status-bar-style" content="blank" />
```

```
<meta name="format-detection" content="telephone=no" />
/*这部分是我们刚才提到的meta标签*/
<style></style>
  </head>
  <body>
    <div class="header">
      <div class="container">
        <img class="logo" src="http://l.ruby-china.org/assets/text_logo-3609989243456a4c620bf2342986b638.png"/>
        <li><a href="#">热门帖子</a></li>
        <li><a href="#">精华帖子</a></li>
        <li><a href="#">最新原创</a></li>
        <li><a href="#">文档翻译</a></li>
      </div>
</div>
/*这里是导航栏的HTML结构*/
  </body>
</html>
```

此时的页面：一是还没有设计基本的样式，二还不是响应式页面，目前只是一个很普通的HTML 5页面。

1.3.3 使用CSS 3媒介查询

这里提到的媒介，不同于新闻传播学对媒介的定义，而是指我们浏览内容所使用的各种电子设备。在CSS 2标准中就已经可以根据不同的媒介类型（Media Type）来设置不同的输出样式了。@media规则使开发者有能力在相同的样式表中，针对不同的媒介来使用不同的样式规则。如以下这段代码告诉我们，浏览器在显示器上显示14像素的Verdana字体，但是假如页面需要被打印，将使用10像素的Times字体。

```
<style>
  @media screen{
    p.test {font-family:verdana,sans-serif; font-size:14px}
  }
  @media print{
    p.test {font-family:times,serif; font-size:10px}
  }
  @media screen,print{
    p.test {font-weight:bold}
  }
```

@media只能做一个大概的区分，而现在桌面和移动设备拥有不同的分辨率，即使是同样类型的设备，也可能需要做出不同的适配。所以仅仅依靠Media Type已经无法满足时代的要求了。为了顺应这种需求，CSS 3引入了Media Query（媒体查询）。

可以将Media Query看成是添加了CSS属性判断的Media Type，其基本语法如下：

```
@media screen and (max-width: 600px) {
.class {
background: #ccc;
```

```
      }
    }
```

这段代码定义了小于600像素的窗口所应用的样式。前半部分@media screen和Media Type的语法是一样的，一般来说选择screen或only screen，因为所有现代的智能手机、平板、PC在类型上都是screen。后半部分使用and作为条件添加符号，可以使用多个and添加多个条件：

```
@media screen and (min-width: 600px) and (max-width: 900px) {
  .class {
    background: #333;
  }
}
```

这段代码表示宽度在600~900像素的窗口应用该样式。width作为条件是最常用、最基本的，根据我们的需求，还可以限定更多的条件来更精确地对设备进行适配。比如通过orientation来判断设备翻转、通过device-aspect-ratio来判断屏幕的纵横比等。表1.1列出了可以使用的一些判断条件。

表1.1 适配设备的判断条件

媒体特性	说明/值	可用媒体类型	接受min/max
width	窗体宽度	视觉屏幕/触摸设备	是
heigth	窗体高度	视觉屏幕/触摸设备	是
device-width	屏幕宽度	视觉屏幕/触摸设备	是
device-heigth	屏幕高度	视觉屏幕/触摸设备	是
orientation	设备手持方向（portrait横向/landscape竖向）	位图介质类型	否
aspect-ratio	浏览器、纸张长宽比	位图介质类型	是
device-aspect-ratio	设备屏幕长宽比	位图介质类型	是
color	颜色模式（例如旧的显示器为256色）整数	视觉媒体	是
color-index	颜色模式列表整数	视觉媒体	是
monochrome	整数	视觉媒体	是
resolution	解析度	位图介质类型	是
scan	progressive逐行扫描/interlace隔行扫描	电视类	否
grid	整数，返回0或1	栅格设备	否

下面为本节的案例添加媒介查询：

```
<style>
    body{margin: 0}
    .container{width:80%;margin:auto; }
    .header{background-color: #333;}
    li a{color:white;}
```

```css
/*这部分是公共的样式，比如一些颜色的定义等*/
    @media screen and (max-width:320px){
        .logo{height: 40px}
        .header{height:40px;}
        li{
            line-height: 50px;
            padding:0 15px 0 15px;
            display: block;
            background-color: #333;
            text-align: center;
            border-top:1px solid white;
        }
        .logo{display:block;}
    }
/*这里定义了窗体宽度在320px以下的样式*/
    @media screen and (min-width:320px) and (max-width: 765px){
        .logo{height: 50px}
        .header{height:50px;}
        li{
            line-height: 50px;
            padding:0 15px 0 15px;
            display: block;
            background-color: #333;
            text-align: center;
            border-top:1px solid white;
        }
        .logo{display:block;}
    }
/*这里定义了窗体宽度320px到765px的样式*/
    @media screen and (min-width:765px){
        .logo{height: 60px}
        .header{height:60px;}
        li{display: block; line-height: 60px; float:left; padding:0 15px 0 15px;}
        .logo{display:block; float:left;}
    }
/*这里定义了窗体宽度765px以上的样式*/
</style>
```

1.3.4 运行第一个响应式页面

这样，一个简单的响应式导航栏就完成了。在PC上的显示效果如图1.7所示，在手机上的效果如图1.8所示。

图1.7 PC上的导航栏

第1章 传说中的响应式设计

图1.8 手机上的导航栏

本例完整的源码如下：

```
01  <!DOCTYPE>
02  <html>
03    <head>
04      <meta name="viewport" content="width=device-width, initial-scale=1.0">
05      <meta name="apple-mobile-web-app-capable" content="yes" />
06      <meta name="apple-mobile-web-app-status-bar-style" content="blank" />
07      <meta name="format-detection" content="telephone=no" />
08      /*这部分是我们刚才提到的meta标签*/
09      <style>
10        body{margin: 0}
11        .container{width:80%;margin:auto; }
12        .header{background-color: #333;}
13        li a{color:white;}
14      /*这部分是公共的样式，比如一些颜色的定义等*/
15      @media screen and (max-width:320px){
16        .logo{height: 40px}
17        .header{height:40px;}
18        li{
19          line-height: 50px;
20          padding:0 15px 0 15px;
21          display: block;
22          background-color: #333;
23          text-align: center;
24          border-top:1px solid white;
25        }
26        .logo{display:block;}
27      }
28      /*这里定义了窗体宽度在320px以下的样式*/
29      @media screen and (min-width:320px) and (max-width: 765px){
30        .logo{height: 50px}
31        .header{height:50px;}
32        li{
33          line-height: 50px;
34          padding:0 15px 0 15px;
```

```
35            display: block;
36            background-color: #333;
37            text-align: center;
38            border-top:1px solid white;
39         }
40         .logo{display:block;}
41       }
42       /*这里定义了窗体宽度320px到765px的样式*/
43       @media screen and (min-width:765px){
44          .logo{height: 60px}
45          .header{height:60px;}
46             li{display: block; line-height: 60px; float:left; padding:0 15px 0 15px;}
47          .logo{display:block; float:left;}
48       }
49       /*这里定义了窗体宽度765px以上的样式*/
50      </style>
51   </head>
52   <body>
53      <div class="header">
54        <div class="container">
55            <img class="logo" src="http://1.ruby-china.org/assets/text_logo-3609989243456a4c620bf2342986b638.png"/>
56            <li><a href="#">热门帖子</a></li>
57            <li><a href="#">精华帖子</a></li>
58            <li><a href="#">最新原创</a></li>
59            <li><a href="#">文档翻译</a></li>
60        </div>
61      </div>
62      /*这里是导航栏的HTML结构*/
63   </body>
64 </html>
```

1.4 小结

我们正在跑步进入移动互联网时代，所以针对移动环境下Web开发的响应式设计成为了发展的一个趋势。本章不仅介绍了传统的两种网页布局：固定布局和流式布局，还介绍了响应式布局的优势和基本设计原则。最后的案例，读者可以简单地了解下CSS 3提供的响应式设计语法，这些可以帮助我们快速开发出属于我们自己的响应式页面。

响应式网页中的元素

第 2 章

响应式设计不仅仅是关于屏幕分辨率自适应以及自动缩放的图片等的设计，它更像是一种对于设计的全新思维模式。我们应当向下兼容、移动优先。首先我们应该遵循移动优先原则，交互&设计应以移动端为主，PC则作为移动端的一个扩展；一个页面需要兼容不同终端，首先需要响应式内容。

本章的主要内容是：

- 响应式文字
- 响应式设计中常见的表单实现方式
- 响应式设计中的框架
- 实现一个简单的响应式登录表单

2.1 文字

网页中定义正文，便可确定网页的主体内容。在响应式设计中使用文字，要处理各种屏幕尺寸和分辨率，这让处理字体变得更加复杂，可以使用响应式字体。

响应式设计中使用文字涉及宏观排版问题，例如栏宽、文字大小、行高。于是响应式设计已然在很多方面包含了响应式排版。首先，最优的可读性需要在文字尺寸上有一定数量的控制，栏宽不能一味地随着布局宽度因窗口宽度的变化随时变化，避免可读性受损，如图2.1所示。

图2.1 不同设备阅读距离示意图

行高的调整,需要根据阅读距离来进行适当的调整。屏幕比纸张具有更远的阅读距离和更多的像素污点,因此屏幕上的文字比印刷文字的行高更大一点是比较合适的方式,根据所选择的字体可进行适当地调整。

通常来说,使用不同设备时,人与屏幕之间的距离往往是不同的,例如,手持平板电脑或手机坐在沙发上、或者躺在床上,屏幕就在用户面前,这些场景会有各种不同的使用距离,这也带来了新的挑战。为了让页面显示在各种距离中都具备易读性,我们选择了最远的距离来确定字体尺寸。

传统的使用方式是指定固定像素的字体大小,但如果你想字体大小更具弹性的话,最好还是使用相对大小,CSS中比较常用的指定字体相对大小的单位有百分比、em以及CSS 3新增的rem。

【示例2-1】

首先我们指定整个文档的字体大小为100%,表示页面字体大小为浏览器默认大小的100%。

```
01  html {
02      font-family: "microsoft yahei",arial;
03      font-size: 100%;
04  }
```

em(equal-M-width),它的基准单位是一个m字母的高度,同时它是指定相对于父级元素的相对大小。也就是说,指定为em的元素字体大小是通过对上一层元素的字体大小计算得来的。

```
01  <div style="font-size:15px;">
02      <p style="font-size:2em;">
03          Hello!
04      </p>
05  </div>
```

上面外层div字体大小为15px,同时指定内层p元素字体大小为2em,所以p元素实际的字体大小为15px*2=30px。这点可以通过查看浏览器开发工具里面"计算后的样式"得到证实,如图2.2所示。

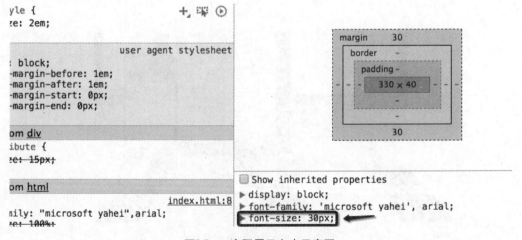

图2.2 em实际展示大小示意图

第2章 响应式网页中的元素

但需要注意的是，正因为em会相对于低级元素来计算自己的样式，所以在层叠很多的情况下，可能出现意料之外的结果。

```
<div style="font-size:15px;">
    <div style="font-size:2em;">
        <p style="font-size:2em;">
            Hello!
        </p>
    </div>
</div>
```

比如我们期望后面的包含在最外层div中的内容字体大小统一为2em，于是分别在内层div和p上都指定了这一样式，结果p元素的字体大小其实是乘了两次之后的结果15px*2*2=60px，如图2.3所示。

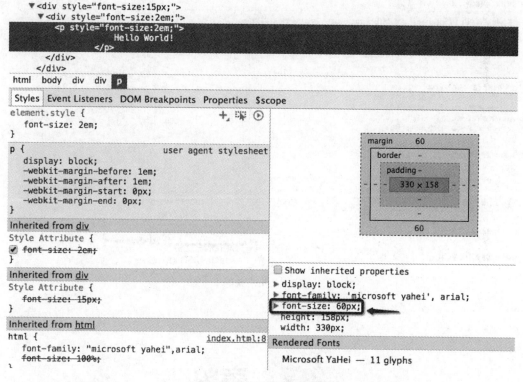

图2.3 em以父元素为计算基准

【示例2-2】

为了解决这个问题，于是引入了一个新的单位rem，可以理解为root-em。加了个root前缀表示总是相对于根节点来计算。HTML文档的根节点即<HTML>标签。所以通过rem无论在文档任何位置指定都可以得到预期的大小。

```
01  <div style="font-size:15px;">
02  <div style="font-size:15px;">
03      <div style="font-size:2em;">
```

17

```
04          <p style="font-size:2rem;">
05              Hello!
06          </p>
07      </div>
08  </div>
```

如果没有指定HTML根节点的字体大小,默认为16px,所以p元素的字体大小是32px,如图2.4所示。

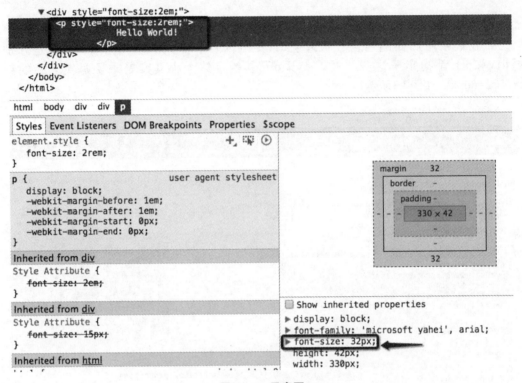

图2.4 rem示意图

2.2 表单

表单在网页中主要负责数据采集功能。一个表单有三个基本组成部分：表单标签、表单域和表单按钮。表单标签包含了处理表单数据所用URL以及数据提交到服务器的方法。表单域包含了文本框、密码框、隐藏域、多行文本框、复选框、单选按钮、下拉选择框等等用于用户数据采集的表单元素。表单按钮包括提交按钮、复位按钮和一般按钮，用于将数据传送到服务器上或者取消输入，还可以用表单按钮来控制其他定义了处理脚本的处理工作。本节介绍常用表单元素的响应式设计方法。

2.2.1 自定义Radiobox

浏览器自带的Radiobox的样式不仅外观丑陋，而且控制起来也不方便。在本节中，我们通过使用HTML 5和CSS 3，来自定义Radiobox的样式。

【示例2-3】

首先，我们定义如下HTML片段：

```
01  <div class="wrapper">
02      <ul>
03          <li>
04              <p>装修类型:</p>
05          </li>
06          <li>
07              <input type="radio" name="radio-btn" />毛坯房
08          </li>
09          <li>
10              <input type="radio" name="radio-btn" />普通装修
11          </li>
12          <li>
13              <input type="radio" name="radio-btn" />精装修
14          </li>
15          <li>
16              <input type="radio" name="radio-btn" />豪华装修
17          </li>
18      </ul>
19  </div>
```

以上HTML片段中，使用input标签，其type为radio，即设置为radiobox元素。下面，我们为其定义样式：

```
01  .radio-btn {
02      width: 20px;
03      height: 20px;
04      display: inline-block;
05      float: left;
06      margin: 3px 7px 0 0;
07      cursor: pointer;
08      position: relative;
09      -webkit-border-radius: 100%;
10      -moz-border-radius: 100%;
11      border-radius: 100%;
12      border: 1px solid #ccc;
13      box-shadow: 0 0 1px #ccc;
14      background: rgb(255, 255, 255);
15      background: -moz-linear-gradient(top, rgba(255, 255, 255, 1) 0%, rgba(246, 246, 246, 1) 47%, rgba(237, 237, 237, 1) 100%);
16      background: -webkit-gradient(linear, left top, left bottom, color-stop(0%, rgba(255, 255, 255, 1)), color-stop(47%, rgba(246, 246, 246, 1)), color-stop(100%, rgba(237, 237, 237, 1)));
```

```
17      background: -webkit-linear-gradient(top, rgba(255, 255, 255, 1) 0%,
rgba(246, 246, 246, 1) 47%, rgba(237, 237, 237, 1) 100%);
18      background: -o-linear-gradient(top, rgba(255, 255, 255, 1) 0%,
rgba(246, 246, 246, 1) 47%, rgba(237, 237, 237, 1) 100%);
19      background: -ms-linear-gradient(top, rgba(255, 255, 255, 1) 0%,
rgba(246, 246, 246, 1) 47%, rgba(237, 237, 237, 1) 100%);
20      background: linear-gradient(to bottom, rgba(255, 255, 255, 1) 0%,
rgba(246, 246, 246, 1) 47%, rgba(237, 237, 237, 1) 100%);
21      filter: progid:DXImageTransform.Microsoft.gradient(startColorstr='#
ffffff', endColorstr='#ededed', GradientType=0);
22  }
23  .checkedRadio {
24      -moz-box-shadow: inset 0 0 5px 1px #ccc;
25      -webkit-box-shadow: inset 0 0 5px 1px #ccc;
26      box-shadow: inset 0 0 5px 1px #ccc;
27  }
28  .radio-btn i {
29      border: 1px solid #E1E2E4;
30      width: 10px;
31      height: 10px;
32      position: absolute;
33      left: 4px;
34      top: 4px;
35      -webkit-border-radius: 100%;
36      -moz-border-radius: 100%;
37      border-radius: 100%;
38  }
39  .checkedRadio i {
40      background-color: #898A8C;
41  }
```

其中，第1~22行定义radiobox未选中的样式，而在第23~27行定义的是选中的样式。通过以下JavaScript代码来控制radiobox的选中逻辑：

```
01  $(".radio-btn").on('click', function () {
02      var _this = $(this),
03          block = _this.parent().parent();
04      block.find('input:radio').attr('checked', false);
05      block.find(".radio-btn").removeClass(checkedRadio);
06      _this.addClass('checkedRadio');
07      _this.find('input:radio').attr('checked', true);
08  });
```

通过checked属性来判断，radiobox选中时，添加checkedRadio类名样式，未选中时，移除checkedRadio类名样式。

展示效果如图2.5所示。

第2章 响应式网页中的元素

图2.5 radiobox示意图

2.2.2 自定义Checkbox动画

浏览器自带的Radiobox的样式不仅外观丑陋，而且控制起来也不方便，更糟糕的是checkbox在各个浏览器中的样式都不同。在本节中，我们通过使用HTML 5和CSS 3，来自定义Radiobox的样式，在选中的时候还可以设置选中动画。

【示例2-4】

首先，我们定义如下HTML片段：

```
01  <div class="wrapper">
02      <ul>
03          <li>
04              <p>房屋配置:</p>
05          </li>
06          <li>
07              <input type="checkbox" name="check-box" /> <span>床</span>
08          </li>
09          <li>
10              <input type="checkbox" name="check-box" /> <span>衣柜</span>
11          </li>
12          <li>
13              <input type="checkbox" name="check-box" /> <span>电视</span>
14          </li>
15          <li>
16              <input type="checkbox" name="check-box" /> <span>冰箱</span>
17          </li>
18          <li>
19              <input type="checkbox" name="check-box" /> <span>洗衣机</span>
20          </li>
21          <li>
22              <input type="checkbox" name="check-box" /> <span>空调</span>
23          </li>
24          <li>
25              <input type="checkbox" name="check-box" /> <span>宽带</span>
26          </li>
27          <li>
28              <input type="checkbox" name="check-box" /> <span>热水器</span>
```

```
29            </li>
30         </ul>
31  </div>
```

以上HTML片段中，使用input标签，其type为checkbox，即设置为checkbox元素。下面，我们为其定义样式：

```
01  .check-box {
02      width: 22px;
03      height: 22px;
04      cursor: pointer;
05      display: inline-block;
06      margin: 2px 7px 0 0;
07      position: relative;
08      overflow: hidden;
09      box-shadow: 0 0 1px #ccc;
10      -webkit-border-radius: 3px;
11      -moz-border-radius: 3px;
12      border-radius: 3px;
13      background: rgb(255, 255, 255);
14      background: -moz-linear-gradient(top, rgba(255, 255, 255, 1) 0%, rgba(246, 246, 246, 1) 47%, rgba(237, 237, 237, 1) 100%);
15      background: -webkit-gradient(linear, left top, left bottom, color-stop(0%, rgba(255, 255, 255, 1)), color-stop(47%, rgba(246, 246, 246, 1)), color-stop(100%, rgba(237, 237, 237, 1)));
16      background: -webkit-linear-gradient(top, rgba(255, 255, 255, 1) 0%, rgba(246, 246, 246, 1) 47%, rgba(237, 237, 237, 1) 100%);
17      background: -o-linear-gradient(top, rgba(255, 255, 255, 1) 0%, rgba(246, 246, 246, 1) 47%, rgba(237, 237, 237, 1) 100%);
18      background: -ms-linear-gradient(top, rgba(255, 255, 255, 1) 0%, rgba(246, 246, 246, 1) 47%, rgba(237, 237, 237, 1) 100%);
19      background: linear-gradient(to bottom, rgba(255, 255, 255, 1) 0%, rgba(246, 246, 246, 1) 47%, rgba(237, 237, 237, 1) 100%);
20      filter: progid:DXImageTransform.Microsoft.gradient(startColcrstr='#ffffff', endColorstr='#ededed', GradientType=0);
21      border: 1px solid #ccc;
22  }
23  .check-box i {
24      background: url('css/check_mark.png') no-repeat center center;
25      position: absolute;
26      left: 3px;
27      bottom: -15px;
28      width: 16px;
29      height: 16px;
30      opacity: .5;
31      -webkit-transition: all 400ms ease-in-out;
32      -moz-transition: all 400ms ease-in-out;
33      -o-transition: all 400ms ease-in-out;
34      transition: all 400ms ease-in-out;
35      -webkit-transform:rotateZ(-180deg);
36      -moz-transform:rotateZ(-180deg);
```

```
37          -o-transform:rotateZ(-180deg);
38          transform:rotateZ(-180deg);
39      }
40      .checkedBox {
41          -moz-box-shadow: inset 0 0 5px 1px #ccc;
42          -webkit-box-shadow: inset 0 0 5px 1px #ccc;
43          box-shadow: inset 0 0 5px 1px #ccc;
44          border-bottom-color: #fff;
45      }
46      .checkedBox i {
47          bottom: 2px;
48          -webkit-transform:rotateZ(0deg);
49          -moz-transform:rotateZ(0deg);
50          -o-transform:rotateZ(0deg);
51          transform:rotateZ(0deg);
52      }
```

其中，第1~22行定义checkbox未选中的样式，而在第40~45行定义的是选中的样式。通过以下JavaScript代码来控制checkbox的选中逻辑：

```
01  $('.check-box').on('click', function () {
02      $(this).find(':checkbox').toggleCheckbox();
03      $(this).toggleClass('checkedBox');
04  });
```

通过checked属性来判断，checkbox选中时，添加checkedBox类名样式；未选中时，移除checkedBox类名样式。

展示效果如图2.6所示。

图2.6 checkbox示意图

2.2.3 美化输入框

通过使用HTML 5和CSS 3，可以设计带动画的输入框，在设计系统登录、搜索等位置时使用，其中动画可以使用CSS transitions来切换伪元素实现。

【示例2-5】

设计输入框的HTML结构代码如下：

```
01  <section class="content">
02      <h2>注册账号</h2>
03      <span class="input input_minoru">
04          <input class="input_field input_field_minoru" type="text" placeholder="姓名" id="input-13" />
05          <label class="input_label input_label_minoru" for="input-13">
06              <span class="input_label-content input_label-content_minoru">姓名</span>
07          </label>
08      </span>
09      <span class="input input_minoru">
10          <input class="input_field input_field_minoru" type="text" placeholder="手机号" id="input-14" />
11          <label class="input_label input_label_minoru" for="input-14">
12              <span class="input_label-content input_label-content_minoru">手机号</span>
13          </label>
14      </span>
15      <span class="input input_minoru">
16          <input class="input_field input_field_minoru" type="text" placeholder="密码" id="input-15" />
17          <label class="input_label input_label_minoru" for="input-15">
18              <span class="input_label-content input_label-content_minoru">密码</span>
19          </label>
20      </span>
21  </section>
```

以上代码第10行、第16行分别在input标签后面增加一个label标签，该标签的作用不仅可以提示输入的内容，而且可以设计额外的动画。

CSS代码如下：

```
01  .input {
02      position: relative;
03      z-index: 1;
04      display: inline-block;
05      margin: 1em;
06      max-width: 400px;
07      width: calc(100% - 2em);
```

```css
08          vertical-align: top;
09  }
10
11  .input_field {
12          position: relative;
13          display: block;
14          /*float: right;*/
15          padding: 0.8em;
16          width: 60%;
17          border: none;
18          border-radius: 0;
19          background: #f0f0f0;
20          color: #aaa;
21          font-weight: bold;
22          font-family: "Helvetica Neue", Helvetica, Arial, sans-serif;
23          -webkit-appearance: none; /* for box shadows to show on iOS */
24  }
25
26  .input_field:focus {
27          outline: none;
28  }
29
30  .input_label {
31          display: inline-block;
32          float: right;
33          padding: 0 1em;
34          width: 40%;
35          color: #6a7989;
36          font-weight: bold;
37          font-size: 70.25%;
38          -webkit-touch-callout: none;
39          -webkit-user-select: none;
40          -khtml-user-select: none;
41          -moz-user-select: none;
42          -ms-user-select: none;
43          user-select: none;
44  }
45
46  .input_label-content {
47          position: relative;
48          display: block;
49          padding: 1.6em 0;
50          width: 100%;
51  }
52  .input_field_minoru {
53          width: 80%;
54          background: #fff;
55          box-shadow: 0px 0px 0px 2px transparent;
56          color: #eca29b;
57          -webkit-transition: box-shadow 0.3s;
58          transition: box-shadow 0.3s;
```

```
 59 }
 60
 61 .input_label_minoru {
 62      padding: 0;
 63      width: 100%;
 64      text-align: left;
 65 }
 66
 67 .input_label_minoru::after {
 68      content: '';
 69      position: absolute;
 70      top: 0;
 71      z-index: -1;
 72      width: 100%;
 73      height: 4em;
 74      box-shadow: 0px 0px 0px 0px;
 75      color: rgba(199,152,157, 0.6);
 76 }
 77
 78 .input_field_minoru:focus {
 79      box-shadow: 0px 0px 0px 2px #eca29b;
 80 }
 81
 82 .input_field_minoru:focus + .input_label_minoru {
 83      pointer-events: none;
 84 }
 85
 86 .input_field_minoru:focus + .input_label_minoru::after {
 87      -webkit-animation: anim-shadow 0.3s forwards;
 88      animation: anim-shadow 0.3s forwards;
 89 }
 90
 91 @-webkit-keyframes anim-shadow {
 92      to {
 93          box-shadow: 0px 0px 100px 50px;
 94      opacity: 0;
 95      }
 96 }
 97
 98 @keyframes anim-shadow {
 99      to {
100          box-shadow: 0px 0px 100px 50px;
101      opacity: 0;
102      }
103 }
104
105 .input_label-content_minoru {
106      padding: 0.75em 0.8em;
107 }
```

CSS代码中，第1~28行，对input输入框的样式进行了重新设计，第29~89行对label等元素进行定制化,并在第91~107行使用animation对input设置动画效果。

此动画效果支持Chrome、Firefox、Opera、Safari、IE10+等浏览器,如图2.7所示。

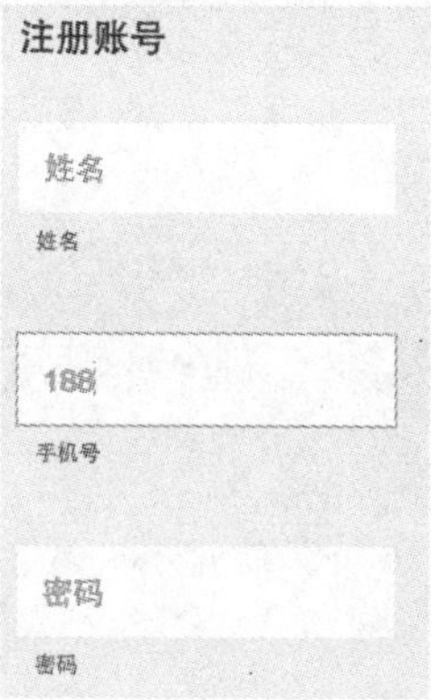

图2.7 美化输入框示意图

2.2.4 下拉框

在表单中,常见的元素还有下拉框,本节我们讲解它的实现方式。

【示例2-6】

实现下拉框的HTML结构代码如下所示:

```
01  <div id="form" class="form-wrapper dark">
02    <label class="dropdown">
03    <span>Dropdown</span>
04    <div class="input-wrapper">
05      <select size="1">
06        <option>-- Please choose --</option>
07        <option value="1">Option 1</option>
08        <option value="2">Option 2</option>
09        <option value="3">Option 3</option>
10      </select>
11    </div>
12    </label>
13  </div>
```

【代码解析】

可以看出,与常规的下拉框的HTML代码结构几乎完全一致,在select元素中嵌套若干个option元素,并为各个option元素设置对应的value值。

设计CSS样式代码如下:

```
01      .dark {
02    background:#373431;
03  }
04  .form-wrapper.dark {
```

```
05    background:#373431;
06    font-family:'PT Sans', Arial, sans-serif;
07    font-weight:normal;
08    font-size:1em;
09    line-height:1em;
10    color:#A8A7A8;
11    padding:1em 0;
12  }
13
14  .dark label.dropdown select, .dark label.multiple select {
15    background:#000;
16    background:rgba(0,0,0,0.16);
17    box-shadow:0 1px 4px rgba(0, 0, 0, 0.3) inset, 0 1px rgba(255, 255, 255, 0.06);
18    color: #BBBBBB;
19    border: 0 none;
20    border-radius:3px;
21    transition:background .2s;
22  }
23  .dark label.multiple select {
24    padding-bottom:1.875em;
25  }
26  .dark label.dropdown select option, .dark label.multiple select option {
27    margin-bottom:0.625em 1%;
28    cursor:pointer;
29    transition:all .2s;
30  }
31  .dark label.dropdown select:focus, .dark label.multiple select:focus, .dark label.dropdown select:focus option, .dark label.multiple select:focus option {
32  }
```

本例效果如图2.8所示。

图2.8 下拉框示意图

 **2.3 框架**

在页面中，每份HTML文档称为一个框架，并且每个框架都独立于其他的框架。通过在页面中使用框架，可以在同一个浏览器窗口中显示不止一个页面。

2.3.1 传统的iFrame框架

页面的框架是页面布局中最重要的概念，网站设计的框架实际上就是指怎样把页面的显示区划分开来。一般说来框架有以下几种模式：

左右型：在这种模式中，左侧作为导航，提供内容索引；右侧一块区域作为切换的主体内容显示部分。

上下型：与左右型类似，只是上部分作为索引，下部分作为主体内容展示区。

复合型：这是左右型与上下型两种类型的结合，这种类型现在比较普遍，在实际的站点中，因为其巨大的信息量，都会采用这种类型的框架结构，以期在有限的页面空间上排列更多的内容。

iframe是框架的一种形式，也比较常用，它提供了一个简单的方式把一个页面的内容嵌入到另一个页面中。

iframe标签是成对出现的，以<iframe>开始，以</iframe>结束，并且iframe 元素会创建包含另外一个文档的内联框架（即行内框架）。可以把需要的文本放置在 <iframe> 和 </iframe> 之间，这样就可以应对无法理解 iframe 的浏览器，iframe标签内的内容可以作为浏览器不支持iframe标签时显示。

【示例2-7】

例如，使用像素定义iframe框架大小：

```
01 <iframe src="test.html" width="200" height="500" frameBorder=0 marginwidth=0 marginheight=0 scrolling=no>
02 这里使用了框架技术，但是您的浏览器不支持框架，请升级您的浏览器以便正常访问。
03 </iframe>
```

其中，width="200" height="500"为嵌入的网页的宽度和高度，数值越大，范围越大；当要隐藏显示嵌入的内容时，可把这两个数值设置为0。

2.3.2 响应式的iFrame框架

在响应式设计的网页布局中任何一元素设计得不完善，都有可能直接损坏响应式设计的布局。当需要在页面中嵌入外部资源，如其他网站的视频资源时，就需要使用到iframe元素。iframe可以将嵌入的外部资源在网站中显示出来，因为iframe的src属性包含了一个指向内容来源的网址。在2.3.1中可以看出，在iframe中包含了width和height属性。移除这两个属性，iframe会不显示，因为iframe不会有尺寸，而且非常遗憾，我们无法通过CSS来将另一个未设置width和height属性的iframe根据需要显示出来。

那么，为了使得使用的iframe框架达到响应式效果，该怎么做呢？除了将iframe的width和height属性设置为像素值之外，还可以设置为百分比。

【示例2-8】

例如，使用百分比定义iframe框架大小：

```
<iframe src="http://www.baidu.com" width="20%" height="50%" frameBorder=0 marginwidth=0 marginheight=0 scrolling=no >
```

这里使用了框架技术，但是您的浏览器不支持框架，请升级您的浏览器以便正常访问
</iframe>

这样，我们就可以为iframe定制更多的内容，例如：

```
<div class="v-container">
    <iframe src="http://www.youtube.com/embed/4aQwT3n2c1Q" height="315" width="560" allowfullscreen="" frameborder="0">
    </iframe>
</div>
```

我们在iframe外层包裹一个div容器，为该div添加一个类名v-container，并在CSS样式表中添加下面的代码：

```
01  .v-container {
02      position: relative;
03      padding-bottom: 56.25%;
04      padding-top: 30px;
05      height: 0;
06      overflow: hidden;
07  }
08  .v-container iframe {
09      position: absolute;
10      top:0;
11      left: 0;
12      width: 100%;
13      height: 100%;
14  }
```

【代码解析】

在CSS代码中，第2行设置position的值为relative，用来给iframe设置为absolute值，使得iframe相对于v-container布局；

第3行设置padding-bottom值来计算iframe的纵横比例。如果宽高的比例是16:9，表示高度是宽度的56.25%。如果宽高比是4:3，可设置padding-bottom值为75%；

第4行设置padding-top值为30px；

第5行将height设置为0，因为通过padding-bottom来设置元素的高度。没有设置width，是因为响应式设计需要自动调整容器的宽度；

第6行设置overflow的值为hidden，确保溢出的内容能够隐藏起来。

第8~14行，设置iframe自身的样式。第9行使用绝对定位，是因为包含iframe的容器v-container的高度为0，如果iframe进行正常的定位，iframe的高度也是0；第10行和第11行设置top和left，将iframe定位在容器的正确位置上；第12行和第13行设置width和height值为100%，确保视频占满所用容器空间（实际是设置padding-bottom）的100%。

以上设置成功后，iframe将根据屏幕的宽度进行调整，如图2.9所示。

第2章 响应式网页中的元素

图2.9 响应式iframe示意图

 2.4 实战：实现一个响应式登录表单

本节我们通过三个简单的步骤来创建一个响应式登录表单：设置登录表单的HTML结构、设计登录表单的通用样式、使用CSS 3媒介查询实现响应式登录表单。

2.4.1 设置登录表单的HTML结构

首先，我们需要在页面中添加文档的meta标签：

```
01 <meta name="viewport" content="width=device-width, initial-scale=1, maximum-scale=1">
02 <!-- 使用viewport meta标签在手机浏览器上控制布局 -->
03 <meta name="apple-mobile-web-app-capable" content="yes" />
04 <!-- 通过快捷方式打开时全屏显示 -->
05 <meta name="apple-mobile-web-app-status-bar-style" content="blank" />
06 <!-- 隐藏状态栏 -->
07 <meta name="format-detection" content="telephone=no" />
08 <!-- iPhone会将看起来像电话号码的数字添加电话连接，应当关闭 -->
```

【代码解析】

以上代码看起来非常眼熟，没错，在第1.3.1小节中，我们就详细介绍过，创建一个响应式网页需要为HTML文档添加一些必要的meta标签。

添加登录表单的HTML文档结构如下：

```
01  <div class="login">
02      <div class="login-top">
03          <h2>登录</h2>
04      </div>
05      <div class="login-content">
06          <h3>第三方登录:</h3>
07          <ul class="clearfix">
08              <li><a class="tw" href="#">Connect with Twitter</a></li>
09              <li><a class="fa" href="#">Login with Facebook</a></li>
10          </ul>
11          <h3>站内登录:</h3>
12          <form>
13              <div class="user">
14                  <input type="text" placeholder="请输入用户名">
15                  <i></i>
16              </div>
17              <div class="user-in">
18                  <input type="password" placeholder="请输入密码">
19                  <i></i>
20              </div>
21          </form>
22          <div class="keepme clearfix">
23              <label class="checkbox"><input type="checkbox" name="checkbox"><i></i>保存登录</label>
24              <div class="keep-loginbutton">
25                  <form>
26                      <input type="submit" value="登录"/>
27                  </form>
28              </div>
29          </div>
30          <div class="forgot clearfix">
31              <p>
32                  <a href="#">忘记密码?</a>
33              </p>
34              <div class="forgot-register">
35                  <p>
36                      还没有注册？<a href="#">点击注册</a>
37                  </p>
38              </div>
39          </div>
40      </div>
41  </div>
```

【代码解析】

此时的页面，一是还没有设计基本的样式，二还不是响应式页面，目前只是一个很普通的HTML 5页面。

2.4.2 设计登录表单的通用样式

设置好HTML结构之后,我们需要对表单进行样式设计。首先,对表单整体结构进行设计,例如标题、表单提示等:

```css
01  /*设置全局字体样式*/
02  body {
03      background: #18bb9b;
04      padding: 50px 0px 30px 0px;
05      font-family: 'Droid Sans', sans-serif;
06      font-size: 100%;
07  }
08  /*设置标题样式*/
09  h1 {
10      font-size: 34px;
11      font-weight: 400;
12      color: #fff;
13      text-align: center;
14      margin: 0px 0px 25px 0px;
15  }
16  /*设置整个登录框样式*/
17  .login {
18      width: 33%;
19      margin: 0 auto;
20      background: #F8F8F8;
21      border-radius: 4px;
22  }
23  /*登录框标题样式*/
24  .login-top {
25      background: #E9E9E9;
26      border-radius: 4px 4px 0px 0px;
27      padding: 11px 0px;
28      text-align: center;
29  }
30  /*设置登录框子标题样式*/
31  .login-top h2 {
32      font-size: 30px;
33      font-weight: 700;
34      color: #7A7A7A;
35      padding: 5px 0;
36  }
37  .login-top h3 {
38      font-size: 15px;
39      font-weight: 600;
40      color: #7A7A7A;
41  }
42  .login-content h3 {
43      font-size: 15px;
44      font-weight: 600;
45      color: #737373;
```

```
46    margin: 10px 0px 10px 0px;
47 }
48 .user,.user-in {
49    border: 1px solid #EDEDED;
50    border-top: 2px solid #EDEDED;
51    background: #fff;
52    border-radius: 5px;
53    margin-bottom: 1em;
54 }
```

接下来，需要对具体的表单元素的样式进行设计，主要有checkbox、input、label等重要的表单元素的样式：

```
01 /*设置input样式*/
02 .user input[type="text"],.user-in input[type="password"] {
03    background: none;
04    outline: none;
05    font-size: 15px;
06    font-weight: 600;
07    color: #BBBBBB;
08    padding: 17px 15px 17px 15px;
09    border: none;
10    width: 85%;
11    -webkit-appearance: none;
12 }
13 /*设置input的提示图表样式*/
14 .user i {
15    background: url(../images/user.png)no-repeat 0px 0px;
16    width: 27px;
17    height: 27px;
18    display: inline-block;
19    vertical-align: middle;
20 }
21 /*设置input的提示图表样式*/
22 .user-in i {
23    background: url(../images/key.png)no-repeat 0px 7px;
24    width: 27px;
25    height: 27px;
26    display: inline-block;
27    vertical-align: middle;
28 }
29 /*设置button样式*/
30 .keep-loginbutton {
31    float: right;
32 }
33 /*设置checkbox样式*/
34 label.checkbox {
35    float: left;
36 }
37 .keepme input[type="checkbox"] {
38    display: none;
```

```css
39  }
40  .keepme.checkbox input {
41    position: absolute;
42    left: -9999px;
43  }
44  .keepme.checkbox i {
45    border-color: #fff;
46    transition: border-color 0.3s;
47    -o-transition: border-color 0.3s;
48    -ms-transition: border-color 0.3s;
49    -moz-transition: border-color 0.3s;
50    -webkit-transition: border-color 0.3s;
51  }
52  /*设置hover效果*/
53  .keepme.checkbox i:hover {
54    border-color: red;
55  }
56  .keepme i:before {
57    background-color: #2da5da;
58  }
59  .keepme .rating label {
60    color: #ccc;
61    transition: color 0.3s;
62    -o-transition: color 0.3s;
63    -ms-transition: color 0.3s;
64    -moz-transition: color 0.3s;
65    -webkit-transition: color 0.3s;
66  }
67  .keepme .checkbox {
68    padding: 15px 0px 0px 22px;
69    font-size: 15px;
70    font-weight: 600;
71    line-height: 5px;
72    color: #737373;
73    cursor: pointer;
74    position: relative;
75    display: block;
76    float: left;
77  }
78  .keepme .checkbox:hover {
79    text-decoration: none;
80  }
81  ……
82  /*全部代码请参考随书源代码*/
83  ……
```

2.4.3 使用CSS 3媒介查询实现响应式登录表单

为了实现响应式登录表单，我们还需要对表单进行优化，这里使用媒体查询的方法：

```css
/*当屏幕大于1440px时的样式*/
@media(max-width:1440px) {
  .login {
    width: 38%;
  }
  .keep-loginbutton input[type="submit"] {
    width: 91%;
  }
}
/*当屏幕大于1336px时的样式*/
@media(max-width:1366px) {
  .login {
    width: 39%;
  }
  .login-content ul li a.fa {
    padding: 10px 14px 10px 58px;
  }
  .login-content ul li a.tw {
    padding: 10px 14px 10px 55px;
  }
}
/*当屏幕大于1280px时的样式*/
@ media(max-width:1280px) {
  .login {
    width: 40%;
  }
……
/*全部代码请参考随书源代码*/
……


}
/*当屏幕大于1024px时的样式*/
@media(max-width:1024px) {
  .login {
    width: 50%;
  }
……
/*全部代码请参考随书源代码*/
……


}
@media(max-width:320px) {
  ……
/*全部代码请参考随书源代码*/
  ……


}
```

【代码解析】

通过使用媒体查询，针对在不同屏幕宽度下，对表单进行不同的样式设计。

这样，一个简单的响应式表单就完成了。在PC上的显示效果如图2.10所示，在手机上的效果如图2.11所示。

第2章 响应式网页中的元素

图2.10 PC上的表单　　　　　　　　图2.11 手机上的表单

 小结

2.5 小结

　　在响应式设计的网页布局中任何一元素设计得不完善，都有可能直接损坏响应式设计的布局。本章中，我们重点介绍了响应式网页中常用到的文字、表单中的radiobox、checkbox、输入框、下拉框以及iframe框架等元素，以及这些元素常用的响应式实现方案。最后通过实现一个响应式登录表单，了解了如何使用响应式元素，这些可以帮助我们快速将响应式元素应用到具体的响应式页面中去。

第3章 响应式布局

在响应式设计中，布局以及布局的切换、侧边栏、列表、表格以及表格的特殊设置等都是常见的使用场景，针对这些特殊的布局和场景进行设计和实现，是响应式设计中的重要部分。

本章的主要内容是：

- 了解响应式设计中常见的布局方法
- 实现响应式布局切换
- 响应式等宽的实现
- 响应式表格的实现
- 创建一个响应式商品展示列表

3.1 布局切换

响应式布局就是一个网站能兼容多个终端，为用户提供更加舒适的界面和更好的用户体验。其优点是面对不同分辨率设备灵活性强，能够快捷解决多设备显示适应问题。其缺点是，兼容性设备工作量大，效率底下；代码累赘，会出现隐藏无用的元素，加载时间加长。

网页设计中整体页面排版布局，常见的主要有如图3.1所示的几种类型。

图3.1 常见页面排版布局类型

对于不同的布局设计，也有不同的实现方式。就页面级别的布局设计来说，可分为四种布局实现类型：固定布局、可切换的固定布局、弹性布局、混合布局，如图3.2所示。

- 固定布局：以像素作为页面的基本单位，不论设备屏幕及浏览器宽度如何发生变化，只设计一套尺寸，所有设备均以此设计显示；
- 可切换的固定布局：以像素作为页面单位，参考主流设备尺寸，设计几套不同宽度的布局。通过设备的屏幕尺寸或浏览器宽度，选择最合适的布局；
- 弹性布局：以百分比或rem作为页面的基本单位，可以适应一定范围内所有尺寸的设备屏幕及浏览器宽度，并能完美利用有效空间展现最佳效果；
- 混合布局：同弹性布局类似，可以适应一定范围内所有尺寸的设备屏幕及浏览器宽度，并能完美利用有效空间展现最佳效果；混合像素与百分比两种单位作为页面实现单位。

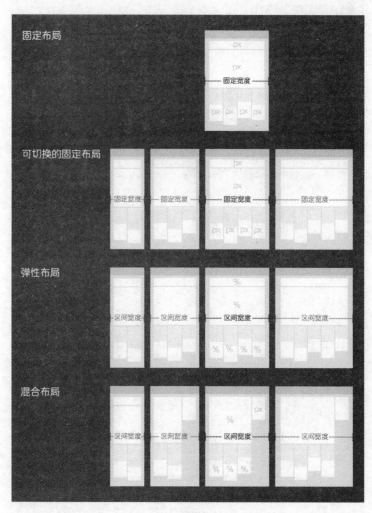

图3.2 不同的布局实现方式

可切换的固定布局、弹性布局、混合布局都是常见的响应式布局方式。其中可切换的固定布局的实现成本最低，但拓展性比较差；而弹性布局与混合布局效果具有响应性，都是比较理想的响应式布局实现方式。只是对于不同类型的页面排版布局实现响应式设计，需要采用不同的实现方式。通栏、等分结构适合采用弹性布局方式，而对于非等分的多栏结构往往需要采用混合布局的实现方式。

3.2 侧边栏

我们构造一个基本的HTML页面，它包含网站导航菜单、正文、侧边栏、表格式的布局以及页脚信息，是个非常完整的布局。

【示例3-1】

HTML结构代码如下：

```
01  <div id="main">
02      <nav>
03          <a href="#" id="menuIcon">≡</a>
04          <ul>
05              <li>
06                  <a href="#">Home</a>
07              </li>
08              <li>
09                  <a href="#">Articles</a>
10              </li>
11              <li>
12                  <a href="#">Gallery</a>
13              </li>
14              <li>
15                  <a href="#">Forum</a>
16              </li>
17              <li>
18                  <a href="#">About</a>
19              </li>
20          </ul>
21      </nav>
22      <aside>
23          <ul>
24              <li><a href="#subtitle1">item1</a> </li>
25              <li><a href="#subtitle2">item2</a></li>
26              <li><a href="#subtitle3">item3</a></li>
27              <li><a href="#subtitle4">item4</a></li>
28              <li><a href="#subtitle5">item5</a></li>
29          </ul>
30      </aside>
31      <section class="post">
```

```
32          <article>
33              <h1>
34                  响应式设计
35              </h1>
36              <p id="subtitle1"><strong>侧边栏的响应式设计</strong></p>
37              <p>
38                  本节侧边栏的响应式设计
39              </p>
40          </article>
41      </section>
42      <footer>
43          <hr>
44          <ul>
45              <li><small>@联系我们</small></li>
46          </ul>
47      </footer>
48 </div>
```

样式代码如下：

```
01 html{
02      font-family: "microsoft yahei",arial;
03      font-size: 100%;
04 }
05 body{
06      margin:0;
07 }
08 li{
09      list-style: none;
10 }
11
12 /*navigation bar*/
13 nav{
14      background-color: #333;
15 }
16
17  nav li{
18      display: inline-block;
19      padding-right: 10px;
20  }
21  nav li a{
22      text-decoration: none;
23      color: white;
24      font-size: 1.5em;
25  }
26  nav li a:hover,#menuIcon:hover{
27      color:#DDD;
28  }
29
30  #menuIcon{
31      display: none;
```

```css
32      color: white;
33      font-weight: bold;
34      font-size: 2em;
35      text-decoration: none;
36      font-family: arial;
37  }
38
39
40  /*sidebar*/
41  aside{
42      width: 15%;
43      float: left;
44  }
45
46  /*post*/
47  .post{
48      width: 70%;
49      margin: 0 auto;
50      float: left;
51  }
52
53  /*grid layout*/
54  .grid{
55
56  }
57  .grid .item{
58      width: 25%;
59      height: 150px;
60      background-color: #DDD;
61      display: inline-block;
62  }
63
64  img{
65      max-width: 100%;
66  }
67  /*footer*/
68  footer{
69      width: 100%;
70      text-align: center;
71      clear:both;
72  }
73
74  footer li{
75      display: inline-block;
76  }
```

【代码解析】

当缩放浏览器窗口到足够窄（如小于640px）时，我们可以发现侧边栏与博客文章有重叠，此刻这个窗口宽度就是我们需要写样式来干预的时候了。利用CSS中的media query，我们指定当窗口小于640px时将侧边栏隐藏，而让正文占据整个屏幕宽度，也就是设置为

100%，并且取消正文的浮动，因为没有必要了。同时，从上图我们可以看到此时的菜单并没有受到影响，所以暂时可以不管，添加下面的样式代码。

样式代码如下：

```
01  @media only screen and (max-width : 650px) {
02  aside{
03      display: none;
04      }
05      .post{
06          width: 100%;
07          float: none;
08          padding: 5px;
09          box-sizing: border-box;
10          -webkit-box-sizing: border-box;
11          -moz-box-sizing: border-box;
12      }
13      .grid{
14          width: 100%;
15      }
16      .grid .item{
17              width: 32%;
18          }
19  }
20  @media screen and (max-width: 500px){
21      nav ul{
22          display: none;
23          padding:0;
24          margin: 0 5px;
25      }
26      #menuIcon{
27          display: block;
28          text-align: right;
29          padding: 0 5px;
30          border-bottom: 1px #9c9c9c solid;
31      }
32      nav ul li{
33          width: 100%;
34      }
35      nav ul li:hover{
36          background-color: #555;
37      }
38  }
39  @media screen and (max-width: 420px){
40      .grid .item{
41          width: 100%;
42          margin-bottom: 5px;
43      }
44  }
```

屏幕缩放前显示效果如图3.3所示。

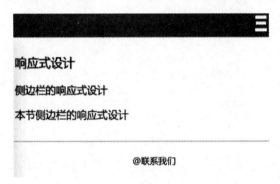

图3.3 屏幕缩放前显示侧边栏

屏幕缩放后显示效果如图3.4所示。

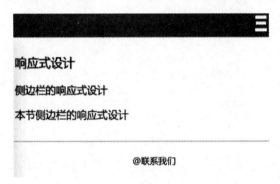

图3.4 屏幕缩放后隐藏侧边栏

3.3 宽高等比例变化

如果通过JavaScript实现一个宽度自适应、高度随着宽度变化而变化的矩形，那么容易想到通过获取元素宽度，然后再计算出相应比例的高度，最后赋给元素。但如果要求只用CSS实现，该如何做到呢？

【示例3-2】

我们设置如下HTML结构代码：

```
<div class='container'>
    <div class='dummy'></div>
    <div class='content'>这里是内容</div>
</div>
```

为了实现宽高等比例缩放，我们添加如下CSS样式代码：

```
01  .container {
```

```
02        background-color: silver;
03        width: 100%;
04        position: relative;
05        display: inline-block;
06   }
07
08   .dummy {
09        margin-top: 100%;
10   }
11
12   .content {
13        position: absolute;
14        left: 0;
15        right: 0;
16        top: 0;
17        bottom: 0;
18   }
```

【代码解析】

首先容器container块内包含了两个div，一个是dummy，这个纯粹是为了实现缩放效果加的，另一个content里面放的是存放展现内容的元素。div是块元素，它默认就是占一行，宽度自身就是自适应的，所以需要做的是让它的高度能随宽度改变。在不使用JavaScript的前提下，通过dummy的div块来实现，dummy设置了一个CSS样式，即margin-top:100%，这样通过dummy块的margin-top来把整个高度撑得和宽度一样，当容器宽度改变时，dummy的位置也会改变，进而容器高度就跟着发生了变化。

但是，还是会有个问题，外部容器发生了高度塌陷，类似于由于子元素浮动导致父元素高度塌陷，可以简单地理解为，当子元素脱离文档流时，父元素不知道子元素的存在，所以导致高度塌陷。这里采用的方法也是类似清除浮动的方法，设置父元素display:inline-block或overflow:hidden。当设置父元素为display:inline-block或者overflow:hidden时，迫使父元素去检查自己内部有哪些子元素，而这时候就发现了之前absolute定位的子元素，所以高度就随之撑开。这里给dummy块设置margin-top:100%，出来的是个可自适应缩放的正方形，如果需要长方形只需要更改此值即可，比如需要4:3的长方形，则应设为margin-top:75%。

本例显示效果如图3.5所示。

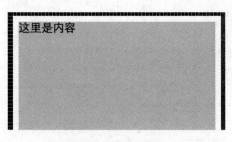

图3.5 等比例缩放

3.4 列表

HTML中列表共有三种：有序列表、无序列表和定义列表。从某种意义上讲，不是描述性的文本的任何内容都可以认为是列表。由于列表在页面中的多样化使用，这使得列表相当重要。本节介绍列表分级菜单和列表切换效果。

3.4.1 定义列表分级菜单

【示例3-3】

实现分级菜单，定义HTML结构如下：

```
01  <nav id="navigation">
02      <a href="#" class="logo" title="Logo">Logo</a>
03      <ul class="links">
04          <li><a href="#" title="About">关于我们</a></li>
05          <li><a href="#" title="Contact">联系我们</a></li>
06          <li class="dropdown">
07              <a href="#" class="trigger-drop" title="Work">常用链接</a>
08              <ul class="drop">
09                  <li><a href="#" title="Art">艺术网站</a></li>
10                  <li>
11                      <a href="#" class="trigger-sub" title="Photography">影视作品</a>
12                      <ul class="drop-sub">
13                          <li><a href="#" title="Landscape">Landscape</a>
14                          </li>
15                          <li><a href="#" title="Architecture">Architecture</a>
16                          </li>
17                          <li><a href="#" title="Portrait">Portrait</a>
18                          </li>
19                          <li><a href="#" title="Fashion">Fashion</a>
20                          </li>
21                          <li><a href="#" title="Animals">Animals</a>
22                          </li>
23                          <li><a href="#" title="Nature">Nature</a>
24                          </li>
25                          <li><a href="#" title="Macro">Macro</a>
26                          </li>
27                      </ul>
28                  </li>
29                  <li><a href="#" title="Film">电影</a></li>
30                  <li><a href="#" title="Audio">音频</a></li>
```

```
31              </ul>
32          </li>
33      </ul>
34  </nav>
```

样式代码如下：

```
01  #navigation {
02      position: fixed;
03      top: 0;
04      left: 0;
05      right: 0;
06      height: 50px;
07      background: #fff;
08      box-shadow: 0 -5px 5px 5px rgba(0, 0, 0, 0.3);
09  }
10
11  #navigation .logo {
12      float: left;
13      height: 50px;
14      padding: 0 15px;
15      font-size: 25pt;
16      color: #8aa4bb;
17      font-weight: 900;
18      line-height: 50px;
19      text-transform: uppercase;
20  }
21
22  #navigation .links {
23      float: right;
24      margin-right: 10px;
25  }
26
27  #navigation .links li {
28      float: left;
29      margin: 10px 0 10px 5px;
30  }
31
32  #navigation .links li a {
33      position: relative;
34      height: 30px;
35      padding: 0 10px;
36      border-radius: 2px;
37      display: block;
38      -webkit-transition: all 150ms ease;
39      transition: all 150ms ease;
40      color: #8aa4bb;
41      line-height: 30px;
42      white-space: nowrap;
43  }
44
```

```
45  #navigation .links li a:hover,
46  #navigation .links li a.active {
47      background: #8aa4bb;
48      color: #fff;
49  }
50
51  #navigation .links li a.active {
52      background: #758b9e;
53  }
54
55  #navigation .links li a[class*="trigger-"] {
56      padding-right: 40px;
57  }
```

实现效果如图3.6所示。

图3.6 列表分级菜单

3.4.2 列表切换效果

列表的切换指的是在列表中展示信息多少的切换。例如，度假商品列表中，会含有度假商品图片、商品标题、商品描述、商品优惠价、商品原价、商品链接等信息。列表切换，就是切换这些商品的类别信息是否展示。

【示例3-4】

设置商品列表HTML结构代码如下：

```
01  <ul class="layout" id="layoutTarget">
02      <li>
03          <h2>泰国6天5晚往返自由行</h2>
04          <div class="info">
05              <a href="#">
06                  <img src="https://img.alicdn.com/tps/TB1ITLBKVXXXXbxXpXXXXXXXXX-100-75.jpg">
07              </a>
08          </div>
09          <small>出发地：北京 </small>
```

```
10            <small>优惠价：3999</small>
11         </li>
12         <li>
13            <h2>台湾6天5晚往返自由行</h2>
14            <div class="info">
15                <a href="#">
16                    <img src="https://gw.alicdn.com/tps/TB11VLnKVXXXXcGXVX
XXXXXXXX-100-76.jpg">
17                </a>
18            </div>
19            <small>出发地：北京 </small>
20            <small>优惠价：3999</small>
21         </li>
22         <li>
23            <h2>香港6天5晚往返自由行</h2>
24            <div class="info">
25                <a href="#">
26                    <img src="https://img.alicdn.com/tps/TB1eAPvKVXXXXa4XF
XXXXXXXX-100-75.jpg">
27                </a>
28            </div>
29            <small>出发地：北京 </small>
30            <small>优惠价：3999</small>
31         </li>
32   </ul>
```

样式代码如下：

```
01  .cl {
02      display: inline-block;
03      width: 12px;
04      height: 12px;
05      background: #34538b;
06      font-size: 0;
07  }
08
09  .cl.on {
10      background: #a0b3d6;
11  }
12
13  .cl.on:hover {
14      background: #486aaa;
15  }
16
17  .h {
18      width: 12px;
19      background: white;
20      position: absolute;
21  }
22
23  .h1 {
```

```css
24        height: 8px;
25        margin-top: 4px;
26    }
27
28    .h2 {
29        height: 2px;
30        margin-top: 4px;
31    }
32
33    .h3 {
34        height: 2px;
35        margin-top: 10px;
36    }
37
38    .h4 {
39        height: 2px;
40        margin-top: 2px;
41    }
42
43    .h5 {
44        height: 2px;
45        margin-top: 6px;
46    }
47
48    .h6 {
49        height: 2px;
50        margin-top: 10px;
51    }
52
53    .layout {
54        width: 600px;
55        margin: 0;
56        padding: 10px 0 0 25px;
57        list-style-type: decimal;
58    }
59
60    .layout li {
61        margin: 5px 5px 5px 0;
62        padding: 5px;
63        border-bottom: 1px dashed #dddddd;
64        list-style-position: outside;
65    }
66
67    .layout li small {
68        color: #999999;
69        font-size: 12px;
70    }
71
72    .layout2 li small,.layout3 li a,.layout3 li small {
73        display: none;
74    }
```

```
75
76  @media only screen and (max-width: 640px) {
77      small {
78          display: none
79      }
80  }
```

列表切换之前,展示完整的商品信息,如图3.7所示。

1. 泰国6天5晚往返自由行

出发地: 北京 优惠价: 3999

2. 台湾6天5晚往返自由行

出发地: 北京 优惠价: 3999

3. 香港6天5晚往返自由行

出发地: 北京 优惠价: 3999

图3.7 列表切换之前

列表切换之后,展示部分的商品信息如图3.8所示。

1. 泰国6天5晚往返自由行

2. 台湾6天5晚往返自由行

3. 香港6天5晚往返自由行

图3.8 列表切换之后

3.5 表格

设计响应式页面的时候，表格的处理通常都是比较棘手的。表格作为数据表格设计不可缺少的元素，在数据应用项目中起着重要的作用，但是要想让表格适应各种屏幕并不太容易。本节介绍简单的自适应表格、翻转滚动表格和隐藏表格栏目等常用方法。

3.5.1 简单自适应表格

首先，我们使用一些简单的样式代码就可以呈现一个基本的表格，样式代码中并没有特别的处理。

【示例3-5】

HTML结构代码如下：

```html
<div class="table-container-outer">
<table>
    <thead>
        <tr>
            <th>商品标题</th>
            <th>出发地</th>
            <th>目的地</th>
            <th>优惠价</th>
            <th>原价</th>
            <th>商品标签</th>
        </tr>
    </thead>
    <tbody>
        <tr>
            <td>RomanFreeLine</td>
            <td>北京</td>
            <td>罗马</td>
            <td>3399</td>
            <td>5999</td>
            <td>自由行</td>
        </tr>
        <tr>
            <td>泰国6天5晚往返自由行</td>
            <td>上海</td>
            <td>泰国曼谷</td>
            <td>2399</td>
            <td>4798</td>
            <td>自由行</td>
        </tr>
        <tr>
```

```
            <td>台湾8天7晚往返自由行</td>
            <td>上海</td>
            <td>台湾</td>
            <td>2999</td>
            <td>3599</td>
            <td>自由行</td>
        </tr>
    </tbody>
</table>
</div>
```

CSS样式代码如下：

```
01  body {
02      margin: 0;
03      padding: 20px;
04      color: #000;
05      background: #fff;
06      font: 100%/1.3 helvetica, arial, sans-serif;
07  }
08
09  table {
10      margin: 0;
11      border-collapse: collapse;
12  }
13
14  tr:nth-of-type(odd) {
15      background: #eee;
16  }
17  th {
18      background: #333;
19      color: white;
20      font-weight: bold;
21  }
22  td, th {
23      border: 1px solid #ccc;
24      text-align: left;
25      padding: .5em 1em;
26  }
27
28  .table-container {
29      width: 100%;
30      overflow-y: auto;
31      _overflow: auto;
32      margin: 0 0 .1em;
33  }
```

使用浏览器打开该页面，页面上呈现了一个简单的表格。随着浏览器窗口的缩小，表格宽度会变小，但当浏览器窗口足够小的时候，问题就来了，表格宽度由于表格单元的内容撑着无法再变小，从而出项横向滚动条的情况。如果在iOS上浏览该页面，发现滚动条不显示，虽然用户可以滑动表格滚动，但没有提示。我们需要添加一些额外的CSS解决这个问题：

```
01  .table-container::-webkit-scrollbar{
02      -webkit-appearance: none;
03      width: 14px;
04      height: 14px;
05  }
06
07  .table-container::-webkit-scrollbar-thumb {
08      border-radius: 8px;
09      border: 3px solid #fff;
10      background-color: rgba(0, 0, 0, .3);
11  }
```

【代码解析】

以上代码针对表格的包裹器添加了2个伪元素，-webkit-scrollbar和-webkit-scrollbar-thumb，使用这2个伪元素来自定义滚动条。显示效果如图3.9所示。

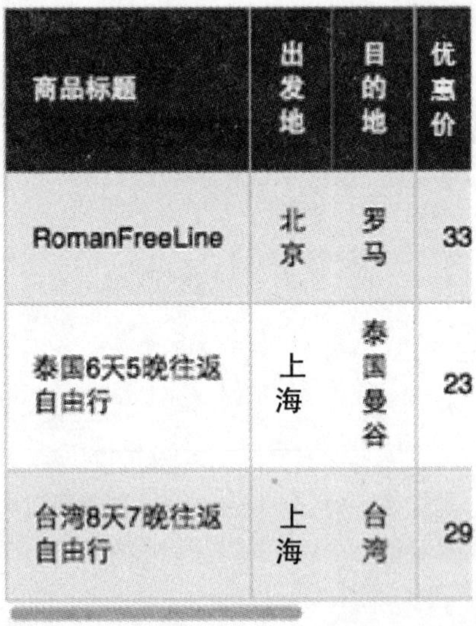

图3.9 带滚动条的简单表格

从图3.9中可以看出，表格右侧并未显示完整，在表格底部有显示的滚动条。为了让用户感知表格右侧仍有内容，可以在表格右侧添加一个模糊的渐变层。实现时，需要为表格添加一个包裹器，如下：

```
01  <div class="table-container-outer">
02      <--此处添加-->
03      <div class="table-container-fade"></div>
04      <div class="table-container">
05          <table>
06  ...
07  <!--此处省略了表格代码-->
08          </table>
09      </div>
10  </div>
```

同时，为添加的元素table-container-fade添加样式：

```
01  .table-container-outer {
02      position: relative;
03  }
04  .table-container-fade {
05      position: absolute;
06      right: 0;
07      width: 30px;
08      height: 100%;
09      background-image: -webkit-linear-gradient(0deg, rgba(255,255,255,.5), #fff);
10      background-image: -moz-linear-gradient(0deg, rgba(255,255,255,.5), #fff);
11      background-image: -ms-linear-gradient(0deg, rgba(255,255,255,.5), #fff);
12      background-image: -o-linear-gradient(0deg, rgba(255,255,255,.5), #fff);
13      background-image: linear-gradient(0deg, rgba(255,255,255,.5), #fff);
14  }
```

最终效果如图3.10所示。

图3.10 简单带渐变的表格

3.5.2 翻转滚动表格

当屏幕宽度小于640px时，我们希望表格的内容发生翻转，也就是说，表头的内容会显示在左侧，表格的内容显示在右侧。

【示例3-6】

首先，设计HTML结构如下：

```
01  <table id="rt1" class="rt cf">
02      <thead>
03          <tr>
04              <th>商品标题</th>
05              <th>出发地</th>
06              <th>目的地</th>
07              <th>优惠价</th>
08              <th>原价</th>
09              <th>商品标签</th>
10          </tr>
11      </thead>
12      <tbody>
13          <tr>
14              <td>RomanFreeLine</td>
15              <td>北京</td>
16              <td>罗马</td>
17              <td>3399</td>
18              <td>5999</td>
19              <td>自由行</td>
20          </tr>
21          <tr>
22              <td>泰国6天5晚往返自由行</td>
23              <td>上海</td>
24              <td>泰国曼谷</td>
25              <td>2399</td>
26              <td>4798</td>
27              <td>自由行</td>
28          </tr>
29          <tr>
30              <td>台湾8天7晚往返自由行</td>
31              <td>上海</td>
32              <td>台湾</td>
33              <td>2999</td>
34              <td>3599</td>
35              <td>自由行</td>
36          </tr>
37      </tbody>
38  </table>
```

为表格添加简单的样式代码如下：

```
01  .cf:after {
02      visibility: hidden;
03      display: block;
04      font-size: 0;
05      content: " ";
```

```
06      clear: both;
07      height: 0;
08  }
09
10  * html .cf {
11      zoom: 1;
12  }
13
14  *:first-child+html .cf {
15      zoom: 1;
16  }
17
18  body, h1, h2, h3 {
19      margin: 0;
20      font-size: 100%;
21      font-weight: normal;
22  }
23
24  code {
25      padding: 0 .5em;
26      background: #fff2b2;
27  }
28
29  body {
30      padding: 1.25em;
31      font-family: 'Helvetica Neue', Arial, sans-serif;
32      background: #eee;
33  }
34
35  h1 {
36      font-size: 2em;
37  }
38
39  h2 {
40      font-size: 1.5em;
41  }
42
43  h1, h2 {
44      margin: .5em 0;
45      font-weight: bold;
46  }
47
48  .rt {
49      width: 100%;
50      font-size: 0.75em;
51      line-height: 1.25em;
52      border-collapse: collapse;
53      border-spacing: 0;
54  }
55
56  .rt th,
```

```
57      .rt td {
58          margin: 0;
59          padding: 0.4166em;
60          vertical-align: top;
61          border: 1px solid #babcbf;
62          background: #fff;
63      }
64
65      .rt th {
66          text-align: left;
67          background: #fff2b2;
68      }
```

以上代码仍然是对表格的简单的设计，简单的表格显示效果如图3.11所示。

商品标题	出发地	目的地	优惠价	原价	商品标签
RomanFreeLine	北京	罗马	3399	5999	自由行
泰国6天5晚往返自由行	上海	泰国曼谷	2399	4798	自由行
台湾8天7晚往返自由行	上海	台湾	2999	3599	自由行

图3.11 翻转之前的表格

为了在屏幕宽度小于640px时，表格内容发生翻转，我们添加如下代码：

```
01  @media only screen and (max-width: 640px) {
02      #rt1 {
03          display: block;
04          position: relative;
05          width: 100%;
06      }
07
08      #rt1 thead {
09          display: block;
10          float: left;
11      }
12
13      #rt1 tbody {
14          display: block;
15          width: auto;
16          position: relative;
17          overflow-x: auto;
18          white-space: nowrap;
19      }
20
21      #rt1 thead tr {
22          display: block;
23      }
24
25      #rt1 th {
26          display: block;
```

```
27      }
28
29      #rt1 tbody tr {
30          display: inline-block;
31          vertical-align: top;
32      }
33
34      #rt1 td {
35          display: block;
36          min-height: 1.25em;
37      }
38      .rt th {
39          border-bottom: 0;
40      }
41
42      .rt td {
43          border-left: 0;
44          border-right: 0;
45          border-bottom: 0;
46      }
47
48      .rt tbody tr {
49          border-right: 1px solid #babcbf;
50      }
51
52      .rt th:last-child,
53          .rt td:last-child {
54          border-bottom: 1px solid #babcbf;
55      }
56  }
```

【代码解析】

此段代码采用媒体查询的方法，@media，当屏幕宽度小于640px时，此段代码发生作用。其中，最重要的是第10行，设置thead元素向左浮动，并且，第26行与第35行分别设置thead th与td呈现为块元素，如此，th和td均以块元素垂直排列。同时，第30行设置tr元素display:inline-block样式为行内元素，将在一行内水平排列。以此达到表格翻转的效果。

表格翻转后显示效果如图3.12所示。

商品标题	RomanFreeLine	泰国6天5晚往返自由行	台湾8天7晚往返自由行
出发地	北京	上海	上海
目的地	罗马	泰国曼谷	台湾
优惠价	3399	2399	2999
原价	5999	4798	3599
商品标签	自由行	自由行	自由行

图3.12 翻转之后的表格

3.5.3 隐藏表格栏目

除了实现表格翻转之外，还可以通过媒体查询的方法，使得表格随着屏幕宽度变小而删除一些表格内容，仅展示重要的内容。这里省略了基础的表格结构和样式，读者可自行查看随书源代码。

原始阶段，我们为表格添加多列，如图3.13所示。

商品标题	出发地	目的地	优惠价	原价	商品标签0	商品标签1	商品标签2	商品标签3	商品标签4
RomanFreeLine	北京	罗马	3399	5999	自由行0	自由行1	自由行2	自由行3	自由行4
泰国6天5晚往返自由行	上海	泰国曼谷	2399	4798	自由行0	自由行1	自由行2	自由行3	自由行4
台湾8天7晚往返自由行	上海	台湾	2999	3599	自由行0	自由行1	自由行2	自由行3	自由行4

图3.13 显示多列表格

【示例3-7】

这里重点列出如何实现隐藏表格栏目的样式代码，如下：

```
01  @media only screen and (max-width: 800px) {
02      .unseen table td:nth-child(2),
03      .unseen table th:nth-child(2) {
04          display: none;
05      }
06  }
07  @media only screen and (max-width: 640px) {
08      .unseen table td:nth-child(4),
09      .unseen table th:nth-child(4),
10      .unseen table td:nth-child(7),
11      .unseen table th:nth-child(7),
12      .unseen table td:nth-child(8),
13      .unseen table th:nth-child(8) {
14          display: none;
15          visibility: hidden;
16      }
17  }
```

隐藏部分表格栏目之后，显示效果如图3.14所示，可以看出，表格第2列、第4列、第7列、第8列均被隐藏了，仅剩下其他未设置隐藏的列。

商品标题	目的地	原价	商品标签0	商品标签3	商品标签4
RomanFreeLine	罗马	5999	自由行0	自由行3	自由行4
泰国6天5晚往返自由行	泰国曼谷	4798	自由行0	自由行3	自由行4
台湾8天7晚往返自由行	台湾	3599	自由行0	自由行3	自由行4

图3.14 隐藏部分栏目的表格

3.6 实战：响应式商品展示列表

本节我们介绍一个最新的响应式商品展示列表，同时带有一些社会化和商品细节的显示。当点击旋转按钮的时候会显示商品的背面，使用Media queries实现响应式显示商品。当浏览器支持Flexbox的时候使用Flexbox。

本节我们通过三个简单的步骤来创建一个响应式网页：设计HTML文档结构、设计通用的商品样式代码、使用CSS 3媒介查询实现响应式商品展示列表。

HTML结构代码：

```
01  <div id="cbp-pgcontainer" class="cbp-pgcontainer">
02      <ul class="cbp-pggrid">
03          <li>
04              <div class="cbp-pgcontent">
05                  <span class="cbp-pgrotate" title="旋转">旋转</span>
06                  <div class="cbp-pgitem">
07                      <div class="cbp-pgitem-flip">
08                          <img src="images/1_front.png" />
09                          <img src="images/1_back.png" />
10                      </div>
11                  </div><!-- /cbp-pgitem -->
12                  <ul class="cbp-pgoptions">
13                      <li class="cbp-pgoptcompare" title="比较">比较</li>
14                      <li class="cbp-pgoptfav" title="喜欢">喜欢</li>
15                      <li class="cbp-pgoptsize">
16                          <span data-size="XL" title="XL号">XL</span>
17                          <div class="cbp-pgopttooltip">
18                              <span data-size="XL" title="XL号">XL</span>
19                              <span data-size="L" title="L号">L</span>
20                              <span data-size="M" title="M号">M</span>
21                              <span data-size="S" title="S号">S</span>
22                          </div>
23                      </li>
24                      <li class="cbp-pgoptcolor">
25                          <span data-color="c1" title="蓝色">蓝色</span>
26                          <div class="cbp-pgopttooltip">
27                              <span data-color="c1" title="蓝色">蓝色</span>
28                              <span data-color="c2" title="粉色">粉色</span>
29                              <span data-color="c3" title="橘色">橘色</span>
30                              <span data-color="c4" title="绿色">绿色</span>
31                          </div>
32                      </li>
```

```html
33                    <li class="cbp-pgoptcart" title="加入购物车"></li>
34                </ul><!-- cbp-pgoptions -->
35            </div><!-- cbp-pgcontent -->
36            <div class="cbp-pginfo">
37                <h3>T恤一</h3>
38                <span class="cbp-pgprice">￥29</span>
39            </div>
40        </li>
41        <li>
42            <!-- ... -->
43        </li>
44        <li>
45            <!-- ... -->
46        </li>
47    </ul>
48 </div>
```

接下来，我们设计通用的商品列表展示CSS样式代码，如下：

```css
01 /*reset全局样式*/
02 body {
03     font-family: 'Lato', Calibri, Arial, sans-serif;
04     color: #47a3da;
05 }
06 a {
07     color: #f0f0f0;
08     text-decoration: none;
09 }
10 a:hover {
11     color: #000;
12 }
13 …        /*全部代码请参考随书源代码*/
14 /*商品列表布局样式*/
15 .cbp-pgcontainer {
16     position: relative;
17     width: 100%;
18     padding: 0 30px 100px 30px;
19 }
20 .cbp-pgcontainer ul,
21 .cbp-pgcontainer li {
22     padding: 0;
23     margin: 0;
24     list-style-type: none;
25 }
26 .cbp-pggrid {
27     position: relative;
28     text-align: center;
29 }
30 /* 如果支持flexbox，将使用flexbox来布局列表 */
31 .flexbox .cbp-pggrid {
32     display: -webkit-flex;
```

```
33        display: -moz-flex;
34        display: -ms-flex;
35        display: flex;
36        -webkit-flex-flow: row wrap;
37        -moz-flex-flow: row wrap;
38        -ms-flex-flow: row wrap;
39        flex-flow: row wrap;
40        -webkit-justify-content: center;
41        -moz-justify-content: center;
42        -ms-justify-content: center;
43    }
44    .cbp-pggrid > li {
45        display: inline-block;
46        vertical-align: top;
47        position: relative;
48        width: 33%;
49        min-width: 340px;
50        max-width: 555px;
51        padding: 20px 2% 50px 2%;
52        text-align: left;
53        float:left;
54    }
55    .flexbox .cbp-pggrid > li {
56        display: block;
57    }
58    /* 商品详细信息样式 */
59    .cbp-pgoptions {
60        height: 60px;
61        width: 100%;
62        border-top: 3px solid #47a3da;
63    }
64    …      /*全部代码请参考随书源代码*/
```

最后，通过CSS 3媒体查询，对商品列表进行响应式布局：

```
01  @media screen and (max-width: 68.125em) {
02      .cbp-pggrid > li {
03          width: 48%;
04      }
05  }
06  @media screen and (max-width: 46.125em) {
07      .cbp-pggrid > li {
08          width: 100%;
09      }
10  }
11  …
12  /*全部代码请参考随书源代码*/
```

展示效果如图3.15和图3.16所示。

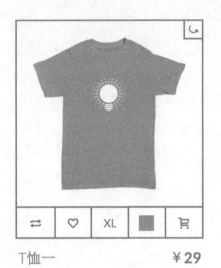
图3.15 宽屏展示效果

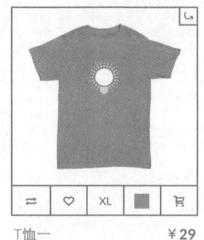
图3.16 窄屏展示效果

3.7 小结

在本章中，首先，介绍了响应式布局及可切换的布局实现方式。很多时候，单一方式的布局响应无法满足理想效果，需要结合多种组合方式；但原则上尽可能地保持简单轻巧，而且同一断点内（发生布局改变的临界点称之为断点）保持统一逻辑，否则页面设计得太过复杂，也会影响整体体验和页面性能。其次，介绍了侧边栏、响应式等宽、列表和表格的响应式实现方案。最后，通过实现一个响应式商品展示列表，了解了如何使用响应式布局以及响应式列表的实际使用场景。

响应式导航

第 4 章

响应式Web设计的理念是页面的设计与开发应当根据用户行为以及设备环境（系统平台、屏幕尺寸、屏幕定向等）进行相应的响应和调整。响应式设计允许用户在不同的平台上，创建独一无二的用户体验。本章把目光聚集在更具挑战性的响应式Web设计：响应式导航菜单设计，介绍了响应式导航设计的五大法则，力图无论在大屏幕还是小屏幕上都能轻松高效地设计响应式导航菜单。

本章的主要内容是：

- 响应式导航菜单设计的五大原则
- 导航类型
- 响应式页码设计

4.1 响应式导航菜单设计五大原则

导航菜单是网页设计中非常重要的部分。用户浏览网站时，通过导航菜单能够非常快速地定位到其感兴趣的内容，便于帮助用户寻找信息。好的导航菜单类似于网站地图，告诉用户网站的用途、内容分类、信息展示安排，并且导航栏也是整体布局的重要组成。响应式导航菜单设计的五大原则包括：按照优先级显示内容、用创造力来处理有限的空间、下拉菜单、给导航菜单换换位置以及放弃导航菜单。

4.1.1 按照优先级显示内容

按照优先级显示导航内容，一方面是只显示高优先级的内容。在屏幕较小的移动设备上应该优先考虑需要显示的重要的导航内容，并且移掉那些小的栏目。也许，根据不同用户来突显不同内容在屏幕小的设备上是最有效的方法。这时，需要考虑诸多问题，例如在什么样的情况下，用户会使用移动设备来访问网站？他们的访问目标是什么？网站需要提供什么样的内容来满足？

按照优先级显示导航内容的另一方面则是在顶部显示高优先级的导航内容。这也比较容易理解：浏览器的渲染顺序是自顶向下，而把重要的内容放置在顶部，用户也能够优先看到网站上最重要的内容，更加有利于获取重要的信息。

4.1.2 用创造力来处理有限的空间

由于移动设备的屏幕空间比桌面版小很多,响应式设计面临的挑战不仅仅是根据屏幕尺寸来重新布局并且找出所有相关内容,而且还需要使不同屏幕上的设计,让用户通过不同的设备访问同一个网站时在视觉上和感觉上保持一致。这不仅需要调整设计来适应可用的空间,还需要使用一些适用于所有屏幕的设计。灵活的设计会让用户在不同的设备上仍保持一致的体验。例如,非常简单智能的导航菜单在所有设备上都保持干净的布局和清晰的颜色:在桌面版本上,不同的内容会有不同的颜色编码,这真是个非常聪明的做法,把简单的文本链接转变成按钮,在移动设备上,导航菜单也能非常完美地工作,因为颜色区域保证了不精确的手指范围。

4.1.3 下拉菜单

使用下拉菜单来组织复杂内容是一个非常方便和流行的方式。通常,复杂的网站甚至会使用多层次的下拉菜单。在较小的、依赖触摸反应的屏幕上,下拉菜单要谨慎使用。在触屏上,没有hover效果,用户往往较难感知下拉效果,屏幕资源可能非常有限。这时,在移动设备上,建议使用常用的菜单列表结构,并提供清晰和友好的手指操作提示,例如收起、展开小箭头等,并保证不同条目的操作区域足够大以保证手指触摸面积。

4.1.4 给导航菜单换位置

另一种让导航菜单适应小屏幕的方式是使用熟悉的结构。例如,分布导航网站和使用欢迎页。分布导航,尽可能简单地在移动设备上导航用户,所以把导航拆分成两个内容层显示。当用户在第一层选中某个条目后,会进入相应网站,然后在这个新网站上面会有新的下拉菜单内容,这些内容是对第二层的详细分类。使用欢迎页来对用户加以引导,或把导航菜单放在网站底部,迫使用户先浏览完页面后再决定下一步的走向。

4.1.5 放弃导航菜单

如果网站内容简单明确,用户可以非常轻松地找到相关内容,也可以不使用导航菜单。这时,可以从内容分类或视觉特效的角度进行引导用户。

4.2 导航类型

响应式导航的设计类型可分为单层导航、多层导航、面包屑导航等类型。本节对这3种导航分别进行介绍。

4.2.1 单层导航

单层导航是简单的导航菜单形式,适用于所有屏幕的一些设计,菜单扁平化将留有足够空间在各个不同的屏幕上做响应式的变化,便于调整。

【示例4-1】

设计HTML结构如下:

```
01  <div role="navigation" id="nav" class="opened">
02      <ul>
03          <li class="active"><a href="#">Home</a></li>
04          <li><a href="#">About</a></li>
05          <li><a href="#">Projects</a></li>
06          <li><a href="#">Blog</a></li>
07      </ul>
08  </div>
```

示例中导航菜单的HTML结构中元素<ul>用来定位导航菜单,.active表示当前活动的导航项。
设计简单的菜单样式:

```
01  #nav {
02      position: absolute;
03      width: 24%;
04      top: 2em;
05      left: 0
06  }
07  #nav ul {
08      display: block;
09      width: 100%;
10      list-style: none
11  }
12  #nav li {
13      width: 100%;
14      display: block
15  }
16  #nav a {
17      color: #aaa;
18      font-weight: 700;
19      -webkit-box-sizing: border-box;
20      -moz-box-sizing: border-box;
21      box-sizing: border-box;
22      -webkit-transition: background .3s ease;
23      -moz-transition: background .3s ease;
24      transition: background .3s ease;
25      text-shadow: 0 -1px rgba(0,0,0,.5);
26      border-bottom: 1px solid rgba(0,0,0,.2);
27      border-top: 1px solid rgba(255,255,255,.1);
28      display: block;
29      padding: .6em 2em;
30      width: 100%
```

```
31  }
32  #nav a:hover {
33      background: rgba(255,255,255,.1)
34  }
35  #nav .active a {
36      color: #fff;
37      background: rgba(0,0,0,.3)
38  }
39  #nav li:first-child a {
40      border-top: 0
41  }
42  #nav li:last-child a {
43      border-bottom: 0
44  }
```

普通的单层导航效果如图4.1所示。

图4.1 单层导航

接下来我们来做响应式设计，使用媒体查询针对菜单进行设计：

```
01  @media screen and (max-width: 40em) {
02      .js #nav {
03          clip:rect(0 0 0 0);
04          max-height: 0;
05          position: absolute;
06          display: block;
07          overflow: hidden
08      }
09      #nav {
10          top: 0;
11          width: 100%;
12          position: relative
13      }
14      #nav.opened {
15          max-height: 9999px
16      }
17      #nav a:hover {
18          background: transparent
19      }
```

```css
20      #nav .active a:hover {
21          color: #fff;
22          background: rgba(0,0,0,.3);
23      }
24      #toggle {
25          -webkit-touch-callout: none;
26          -webkit-user-select: none;
27          -moz-user-select: none;
28          -ms-user-select: none;
29          user-select: none;
30          display: block;
31          width: 70px;
32          height: 55px;
33          float: right;
34          margin: 0 -2em 1em 0;
35          text-indent: -9999px;
36          overflow: hidden;
37          background: #444 url("hamburger.gif") no-repeat 50% 33%
38      }
39      .main {
40          -webkit-overflow-scrolling: auto;
41          padding: 0 2em 2em;
42          border-radius: 0;
43          box-shadow: none;
44          position: relative;
45          width: 100%;
46          overflow: hidden
47      }
48      .main::-webkit-scrollbar {
49          background-color: transparent
50      }
51  }
52  @media screen and (-webkit-min-device-pixel-ratio:1.3),screen and (min--moz-device-pixel-ratio:1.3),screen and (-o-min-device-pixel-ratio:2 / 1),screen and (min-device-pixel-ratio:1.3),screen and (min-resolution: 192dpi),screen and (min-resolution:2dppx) {
53      body {
54          -webkit-background-size: 200px 200px;
55          -moz-background-size: 200px 200px;
56          -o-background-size: 200px 200px;
57          background-size: 200px 200px
58      }
59      #toggle {
60          background-image: url("hamburger-retina.gif");
61          -webkit-background-size: 100px 100px;
62          -moz-background-size: 100px 100px;
63          -o-background-size: 100px 100px;
64          background-size: 100px 100px
65      }
66  }
67  @media screen and (min-width: 76em) {
```

```
68    #nav {
69        width:18em
70    }
71    .main {
72        width: auto;
73        left: 18em
74    }
75    }
```

响应式单层导航展示效果如图4.2所示。

图4.2 响应式单层导航

4.2.2 多层导航

多层导航可以通过下拉导航的形式来展示，是一个很常见的效果，在网站设计中被广泛使用。通过使用下拉菜单，设计者不仅可以在网站设计中营造出色的视觉吸引力，还可以为网站提供一个有效的导航方案。

【示例4-2】

设计HTML结构如下：

```
01    <div class="subNavBox">
02        <div class="subNav currentDd currentDt">
03            新闻中心
04        </div>
05        <ul class="navContent " style="display:block">
06            <li><a href="#">添加新闻</a></li>
07            <li><a href="#">新闻列表</a></li>
08            <li><a href="#">我的关注</a></li>
09            <li><a href="#">新闻管理</a></li>
10        </ul>
11        <div class="subNav">
12            关于我们
13        </div>
```

```
14      <ul class="navContent">
15          <li><a href="#">添加新闻</a></li>
16          <li><a href="#">新闻管理</a></li>
17          <li><a href="#">添加新闻</a></li>
18          <li><a href="#">新闻管理</a></li>
19      </ul>
20      <div class="subNav">
21          业务系统
22      </div>
23      <ul class="navContent">
24          <li><a href="#">添加新闻</a></li>
25          <li><a href="#">添加新闻</a></li>
26          <li><a href="#">新闻管理</a></li>
27      </ul>
28      <div class="subNav">
29          招商加盟
30      </div>
31      <ul class="navContent">
32          <li><a href="#">添加新闻</a></li>
33          <li><a href="#">添加新闻</a></li>
34          <li><a href="#">新闻管理</a></li>
35          <li><a href="#">添加新闻</a></li>
36          <li><a href="#">新闻管理</a></li>
37      </ul>
38  </div>
```

设计多层导航样式：

```
01  .subNavBox {
02      width: 200px;
03      border: solid 1px #e5e3da;
04      margin: 100px auto;
05  }
06  .subNav {
07      border-bottom: solid 1px #e5e3da;
08      cursor: pointer;
09      font-weight: bold;
10      font-size: 14px;
11      color: #999;
12      line-height: 28px;
13      padding-left: 10px;
14      background: url(../images/jiantou1.jpg) no-repeat;
15      background-position: 95% 50%
16  }
17  .subNav:hover {
18      color: #277fc2;
19  }
20  .currentDd {
21      color: #277fc2
22  }
23  .currentDt {
```

```
24        background-image: url(../images/jiantou.jpg);
25    }
26    .navContent {
27        display: none;
28        border-bottom: solid 1px #e5e3da;
29    }
30    .navContent li a {
31        display: block;
32        width: 200px;
33        heighr: 28px;
34        text-align: center;
35        font-size: 14px;
36        line-height: 28px;
37        color: #333
38    }
39    .navContent li a:hover {
40        color: #fff;
41        background-color: #277fc2
42    }
```

响应式多层导航展示效果如图4.3所示。

图4.3 多层导航

4.2.3 面包屑导航

面包屑导航的重要特征是告知用户他们目前在网站中的位置以及如何返回，例如"首页>响应式设计>响应式导航设计"。

面包屑导航是一种基于网站层次信息的显示方式。面包屑导航适用于任何一种网站类型，特别对文章类、购物类等网站，内容层次比较多。用户一旦浏览的页面过多，很容易分辨不出自己在哪个位置。多次点击浏览器上的返回上级按钮，才能找到最初的页面，用户一般就直接跳出了。当然，如果网站结构比较简单，深度不超2层（包括2层），有清晰的导航栏，并且导航栏当前栏目样式与其他栏目的样式不一样，则不需要使用面包屑导航。

【示例4-3】

这是一个简单的面包屑导航案例：

```
01  <!DOCTYPE html>
02  <html>
03  <head>
04  <meta charset="utf-8">
05  <meta name="viewport" content="width=device-width,initial-scale=1">
06  <title>4.2.3</title>
07  <link href="http://libs.baidu.com/bootstrap/3.0.3/css/bootstrap.min.css" rel="stylesheet">
08  <script src="http://libs.baidu.com/jquery/2.0.0/jquery.min.js"></script>
09  <script src="http://libs.baidu.com/bootstrap/3.0.3/js/bootstrap.min.js"></script>
10  </head>
11  <body>
12  <ol class="breadcrumb">
13      <li><a href="#">首页</a></li>
14      <li><a href="#">火车票</a></li>
15      <li class="active">十一月</li>
16  </ol>
17  </body>
18  </html>
```

展示效果如图4.4所示。

图4.4 面包屑导航

4.3 页码设计

对于大多数网站，当内容越来越多的时候，就会有分页显示列表的需求，便于用户浏览。分页的主要目的类似于改进后的导航，必须让用户了解当前所在的位置、已经浏览过的历史信息，以及下一步可以浏览哪些内容。这3个方面让用户能够完整地理解该网站如何工作、如何使用改页码导航。非常重要的是，导航选项应该是可见的、易于操作的。

【示例4-4】

设计HTML结构如下：

```html
01  <div class="container xlarge">
02      <div class="pagination">
03          <ul>
04              <li><a href="#"></a></li>
05              <li><a href="#"></a></li>
06              <li class="active"><a href="#"></a></li>
07              <li><a href="#"></a></li>
08              <li><a href="#"></a></li>
09              <li><a href="#"></a></li>
10              <li><a href="#"></a></li>
11              <li><a href="#"></a></li>
12              <li><a href="#"></a></li>
13              <li><a href="#"></a></li>
14          </ul>
15      </div>
16  </div>
```

设计页码样式：

```css
01  .container {
02      background: #fdfdfd;
03      padding: 1rem;
04      margin: 3rem auto;
05      border-radius: 0.2rem;
06      counter-reset: pagination;
07      text-align: center;
08  }
09  .container:after {
10      clear: both;
11      content: "";
12      display: table;
13  }
14  .container ul {
15      width: 100%;
16  }
17  ul, li {
18      list-style: none;
19      display: inline;
20      padding-left: 0px;
21  }
22
23  li {
24      counter-increment: pagination;
25  }
26  li:hover a {
27      color: #fdfdfd;
28      background-color: #1d1f20;
29      border: solid 1px #1d1f20;
30  }
31  li.active a {
32      color: #fdfdfd;
33      background-color: #1d1f20;
34      border: solid 1px #1d1f20;
35  }
```

```
36  li:first-child {
37    float: left;
38  }
39  li:first-child a:after {
40    content: "Previous";
41  }
42  li:nth-child(2) {
43    counter-reset: pagination;
44  }
45  li:last-child {
46    float: right;
47  }
48  li:last-child a:after {
49    content: "Next";
50  }
51  li a {
52    border: solid 1px #d6d6d6;
53    border-radius: 0.2rem;
54    color: #7d7d7d;
55    text-decoration: none;
56    text-transform: uppercase;
57    display: inline-block;
58    text-align: center;
59    padding: 0.5rem 0.9rem;
60  }
61  li a:after {
62    content: " " counter(pagination) " ";
63  }
```

响应式页码展示效果如图4.5所示。

图4.5 页码设计

4.4 小结

本章介绍了响应式导航菜单设计的五大原则，介绍了导航的分类及对应的实现，最后介绍了页码设计方案。响应式设计和普通的页面设计会有一些区别，根据以上介绍，在具体的项目中，需要根据具体的实际情况摸索调整。

第5章 响应式多媒体

随着实际应用状况的改变，响应式网页设计会出现一系列复杂的并发症。本章将详细阐述如何在响应式网页中安置和处理多媒体元素，例如图片和视频，最终的目的是能让这些元素无缝地在各种设备上加载运行，保证体验一致性，提升用户体验。

本章的主要内容是：

- 图标的响应式
- 可适配的图像及网格图像
- 响应式视频
- 响应式图表

5.1 图标的响应式

随着技术的不断演进与革新，如今Web中的图标（Icons）不再仅仅局限于<img>元素。除了<img>元素直接调用Icons文件之外，还有Sprites（俗称雪碧图）、Icon Font（字体图标）、SVG Icon等图标的形式。不论是哪一种图标形式，在技术实现时，均需考虑页面的可访问性（Accessability），以及重构的灵活性、可复用性、可维护性等方面。

然而随着设备多样化、显示分辨率层出不穷，前端开发工程师还需要考虑不同设备上体验的一致性，这使得碰到的难题越来越多：

- 需要为高PPI显示设备（如Retina显示屏）准备1.5x、2x和3x的图标素材
- 需要针对不同的分辨率来调整优化排版
- 需要考虑不同平台下图标加载的性能问题
- 需要考虑可访问性、可维护性问题

下面介绍几种常见的图标实现方式，包括使用<img>标签、使用CSS Sprites、使用字体图片（icon font）、使用SVG图标、使用DataURI等方法。

<img>标签是用来给Web页面添加图片的，而图标(Icons)其实也是属于图片，因而在页面中可以直接使用<img>标签来加载图标，并且可以加载任何适用于Web页面的图标格式，比如：.jpg(或.jpeg)、.png、.gif。对于今天的Web，除了这几种图片格式之外，还可以直接引用.webp和.svg图像（图标）。使用<img>标签更换图片简单方便，只需要修改图标路径或覆

盖图标文件名，易于掌握图标大小。但是如果页面使用的图标过多，直接增加了HTTP的请求数，影响页面的加载性能，并且不易于修改维护图标样式。

虽然<img>标签可以帮助前端工程师在Web页面中添加所需要的图标，但其不足之处也是显而易见的。由于<img>标签的局限性与不足，出现了一种全新的技术CSS Sprites（CSS雪碧，又称CSS精灵）。在大部分网站上都可以见到这种技术的使用。CSS Sprites可以极大地减小HTTP请求数，而且有很好的兼容性。但是，制作CSS Sprites增加大量开发时间，增加了维护的成本，图片尺寸固定，不易于修改图片的大小和定位。

虽然CSS Sprites有其足够的优势，而且众多开发者都在使用这种技术，但是随着Retina屏幕的出现，大家都发现自己在Web中使用的图标变得模糊不清，直接拉低了产品的品质。对于Web前端人员也必须考虑各种高清屏幕的显示效果，由此也造成同样的前端在代码实现的时候需要根据屏幕的不同来输出不同分辨率的图片。为了解决屏幕分辨率对图标影响的问题，字体图标（Icon Font）应运而生。字体图标是一种全新的设计方式，更为重要的是相对位图而言，使用字体图标可以不受限于屏幕分辨率，而且字体图标还具有的一个优势是只要适合字体相关的CSS属性都适合字体图标。但是字体图标只能被渲染成单色或CSS3的渐变色，并且文件体积往往过大，直接影响页面加载性能。

为了适配各种分辨率，让图标显示更完美，除了字体图标之外，还可以使用SVG图标。SVG图标是一种矢量图标。SVG图标实际上是一个服务于浏览器的XML文件，而不是一个字体或像素的位图。它是由浏览器直接渲染XML，在任何大小之下都会保持图像清晰，而且文件中的XML还提供了很多机会，可以直接在代码中使用动画或者修改颜色、描边等，不需要借助任何图形编辑软件都可以轻松地自定义图像。除此之外，SVG图像也有字体图标的一个主要优势：拥有多个彩色图像的能力。

DataURI是利用Base64编码规范将图片转换成文本字符，不仅是图片，还可以编码JS、CSS、HTML等文件。通过将图标文件编码成文本字符，从而可以直接写在HTML/CSS文件里面，不会增加任何多余的请求。但是DataURI的劣势也是很明显的，每次都需要解码从而阻塞了CSS渲染，可以通过分离出一个专用的CSS文件，不过那就需要增加一个请求，那样与CSS Sprites、Icon Font和SVG相比没有了任何优势，也因此，在实践中不推荐这种方法。需要注意的是通过缓存CSS可以来达到缓存的目的。

本节主要介绍了Web中图标的几种方案之间的利与弊，那在实际中要如何选择呢？这需要根据自身所在的环境来做选择：

- 如果你需要信息更丰富的图片，而不仅仅是图标时，可以考虑使用<img>
- 如果使用的不是展示类图形，而是装饰性的图形或图标，这类图形一般不轻易改变，可以考虑使用PNG Sprites
- 如果你的图标需要更好地适配于高分辨率设备环境之下，可以考虑使用SVG Sprites
- 如果仅仅是要使用Icon这些小图标，并且对Icon做一些个性化样式，可以考虑使用Icon Font
- 如果你需要图标更具扩展性，而又不希望加载额外的图标，可以考虑在页面中直接使用SVG代码绘制的矢量图

在实际开发中，可能一种方案无法达到所有的需求，也可以考虑多种方案结合在一起使用。相对而言，如果不需要考虑一些低版本的用户，就当前这个互联网时代，面对众多终

端，较为适合的方案还是使用SVG。不论通过<img>元素直接调用.svg文件，还是通过使用SVG的Sprites，或者直接在页面中使用SVG（直接代码），SVG都具有较大的优势，不用担心使用的图标在不同的终端（特别是在Retina屏）会模糊不清；而且SVG还有一个更大的优势，你可以直接在源码中对SVG做修改，特别是可以分别控制图标的不同部分，加入动画等。

除了使用这些方式在Web中嵌入图标之外，对于一些简单的小图标，可以考虑直接使用CSS代码来编写。

5.2 图像

不同平台显然不可能用同一张大小的图片，这样不但浪费手机流量、影响网站载入速度，而且在小屏幕下会很不清晰。那么，如何来适配图像呢？

5.2.1 可适配的图像

随着新的移动设备的普及，高像素密度的屏幕使得网页的任何一个瑕疵都显得特别明显，因此，响应式设计中的图片处理的核心问题在于如何确保网站上的图片的各个方面都能尽可能灵活，并且确保每个像素不会在高分屏下模糊。

首先，当网页对设备响应时，并不存在特定的图片发布标准。网站提供的图片在不同屏幕的设备上都能够显示，这是远远不够的。还需要考虑更多问题，例如在3G模式下，在视网膜屏幕下的移动设备上图像应该如何处理？在网速较差的情况下，图片的尺寸大小是否应该自动优化（降低图片尺寸）？小屏幕设备的用户可能完全看不清图片的细节，那么，就应该在"能正常显示"的基础上，为这块小屏幕单独裁剪一个版本，让用户看清细节。

有一种方法是开发者将不同尺寸大小比例的所有图片都预先上传到网站页面中，并且设置好CSS与媒体查询功能，将过大或过小的图片都隐藏起来，让浏览器下载像素完全匹配的图像。然而，实际状况并非如此，浏览器在加载CSS类之前，就已经将所有的相关图片都下载下来了，这使得网页更加臃肿，加载时间更长。

首先明确一点，让每块屏幕都完美显示图片的解决方案是不存在的；但是我们能够不断地探索可行性更高的方案，尽可能地提高精度。以下是常见的响应式图像解决方案：

- Bootstrap

如果你开始设计一个响应式网站，但是对于如何操作毫无头绪，那么你应该试试BootStrap的CSS框架。借助Bootstrap，你可以很容易达成目标；更重要的是，Bootstrap提供的样式以及在基础的HTML元素上扩展出的类，将会使得图片的响应更容易实现。

- Focal Point

Focal Point是一个框架，可以帮助你"种植"图片并且控制焦点。这项技术仅仅使用了

CSS，开发者仅仅需要向对应标签中添加含有目标图片的类就可以了。

- CSS Sprites

如果加载时间是你需要考虑的首要因素的话，那么你可以选择CSS Sprites，尤其当你需要适配带有视网膜屏幕的设备时。当你为高分辨率屏幕适配网页的时候（比如苹果的Retina屏幕），一般会添加更大尺寸的图片资源，并且使用CSS中的Media Query来识别并适配尺寸。但是如此一来，文件数量和大小会急剧增加，并且会增加代码中的CSS选择器的数量，引用更多的文件。

如果使用CSS Sprites的话，这种情况会得以改善。你可以将网页所需要的图片都包含到一张大图中供选择器来引用。仅仅需要一个http请求，你就可以将多个图片素材获取到本地。通过<img />标签引用的照片类素材并不适宜于用CSS精灵来处理，但是你在header和footer中使用的图标素材和按钮样式之类的东西会在CSS精灵的加持下，好用很多。

- 自适应图片

自适应图片的解决方案可以通过检测设备的屏幕尺寸，为HTML嵌入符合屏幕尺寸需求的图片资源。这种方案是一个典型的服务器端解决方案，它需要在被本地运行JavaScript来检测，但它最主要还是依靠Apache2网络服务器、PHP 5.x以及GD库。

自适应图片的方案最优的地方在于不需要改变标记，自适应图片的解决方案在实际项目中实施起来能提高更多效率。

【示例5-1】

在实践中，如果你是用像素来固定图片尺寸，又需要在不同屏幕密度上实现响应式图片，可以使用srcset属性，例如：

```
01  <img width="320" height="213"
02      src="dog.jpg"
03      srcset="dog-2x.jpg 2x, dog-3x.jpg 3x">
```

代码第3行中，2x和3x指的是设备屏幕像素密度dpr(Device Pixel Ratio)。以上代码可以正常运行在所有现代浏览器上，而且在不支持srcset的浏览器中也可以降级到识别src属性。

不同宽度的图片在响应式站点里是很常见的，当希望在不同屏幕密度上显示不同图片尺寸时，为了让浏览器匹配到正确的图片，我们需要知道不同尺寸图片的地址、每张图片的宽度、<img>元素的宽度。希望知道<img>元素的宽度是非常困难的，因为图片是在CSS解析之前开始下载的，所以<img>的宽度不能从页面布局中得到。

改进后的代码如下：

```
01  <img src="dog-689.jpg"
02      srcset = "dog-689.jpg 689w,
03                dog-1378.jpg 1378w
04                dog-500.jpg 500w
05                dog-1000.jpg 1000w"
06      sizes = " (min-width:1066px) 689px,
07                (min-width:800px) calc(75vw-137px) ,
08                (min-width:530px) calc(100vw-96px) ,
09                100vw" >
```

【代码解析】

代码第2行定义了srcset属性，通过srcset属性，浏览器知道哪些图片可用，并知道这些图片的宽度。

代码第6行定义了sizes属性，通过sizes属性，浏览器知道<img>相对于一个已知宽度窗口的宽度。

通过srcset与sizes组合，浏览器就可以匹配最佳资源进行加载了。

不再需要说明屏幕密度，浏览器自己会辨别。如果浏览器窗口宽度是1066px甚至更大，<img>会被定为689px。在1x设备浏览器上会下载dog-689.jpg，但是在2x设备浏览器上将会下载dog-1378.jpg。

如果当前窗口800px，那么sizes会匹配到(min-width:800px) calc(75vw - 137px)，则这个<img>对应的宽度就是800px*0.75-137px=463px。相当于设置图像宽度为463px：

```
01  <img src="..." width="463" />
```

当dpr为1时，463px对应463w，查找srcset，找到500w适合它，就显示500的这张图。
当dpr为2时，463px对应926w，查找srcset，找到1000w适合它，就显示1000的这张图。

注意：浏览器使用sizes里第一个匹配到的媒体查询，所以sizes里的顺序是很重要的。

5.2.2 图像网格

网格布局能够基于固定数量、浏览器窗口中的可用空间划分网页主要区域的空间。

网格布局能够将元素按列和行对齐，但没有内容结构，因此它还支持 HTML 或级联样式表 (CSS) 表格无法实现的方案——如本文中介绍的方案。此外，通过将网格布局与媒体查询结合使用，可以使布局无缝地适应设备外形尺寸、方向、可用空间等因素的变化。

【示例5-2】

本节介绍一种采用透明背景的响应式CSS 3图片网格布局方案。整个网格布局采用流式布局，每行的图片数量自适应屏幕宽度。该网格布局使用图标代替图片，当鼠标滑过网格时，网格背景色发生变化并用动态文字说明。

HTML结构：

```
01  <ul class="cbp-ig-grid">
02      <li>
03          <a href="#">
04              <span class="cbp-ig-icon cbp-ig-icon-shoe">
05              </span>
06              <h3 class="cbp-ig-title">经典款</h3>
07              <span class="cbp-ig-category">时尚</span>
08          </a>
09      </li>
10      <li>
11          <a href="#">
12              <span class="cbp-ig-icon cbp-ig-icon-milk">
13              </span>
```

```
14              <h3 class="cbp-ig-title">运动衫</h3>
15              <span class="cbp-ig-category">休闲款</span>
16          </a>
17      </li>
18      <li>
19          <a href="#">
20              <span class="cbp-ig-icon cbp-ig-icon-spectacles">
21              </span>
22              <h3 class="cbp-ig-title">时尚眼镜</h3>
23              <span class="cbp-ig-category">有趣实用</span>
24          </a>
25      </li>
26      <li>
27          <a href="#">
28              <span class="cbp-ig-icon cbp-ig-icon-ribbon">
29              </span>
30              <h3 class="cbp-ig-title">录音带</h3>
31              <span class="cbp-ig-category">设计版</span>
32          </a>
33      </li>
34      <li>
35          <a href="#">
36              <span class="cbp-ig-icon cbp-ig-icon-whippy">
37              </span>
38              <h3 class="cbp-ig-title">甜品</h3>
39              <span class="cbp-ig-category">食品</span>
40          </a>
41      </li>
42      <li>
43          <a href="#">
44              <span class="cbp-ig-icon cbp-ig-icon-doumbek">
45              </span>
46              <h3 class="cbp-ig-title">衣柜</h3>
47              <span class="cbp-ig-category">经典</span>
48          </a>
49      </li>
50  </ul>
```

设计好HTML文档结构后，需要设计样式。首先，实现通用的网格样式，其CSS样式代码如下：

```
01  /* 通用网格样式 */
02  .cbp-ig-grid {
03      list-style: none;
04      padding: 0 0 50px 0;
05      margin: 0;
06  }
07  /* 清除浮动 */
08  .cbp-ig-grid:before,
09  .cbp-ig-grid:after {
10      content: " ";
```

```
11        display: table;
12    }
13    .cbp-ig-grid:after {
14        clear: both;
15    }
16    /* 网格元素样式 */
17    .cbp-ig-grid li {
18        width: 33%;
19        float: left;
20        height: 420px;
21        text-align: center;
22        border-top: 1px solid #ddd;
23    }
24    /* 使用边框和边框阴影控制网格线 */
25    .cbp-ig-grid li:nth-child(-n+3) {
26        border-top: none;
27    }
28    .cbp-ig-grid li:nth-child(3n-1),
29    .cbp-ig-grid li:nth-child(3n-2) {
30        box-shadow: 1px 0 0 #ddd;
31    }
```

【代码解析】

以上代码第17行，针对网格元素实现浮动布局，代码第25行使用边框阴影实现网格线。并没忘记在代码第11行清除浮动。

有了网格，下面开始实现网格内的细节元素的样式：

```
01    /* 设置a标签样式 */
02    .cbp-ig-grid li > a {
03        display: block;
04        height: 100%;
05        color: #47a3da;
06        -webkit-transition: background 0.2s;
07        -moz-transition: background 0.2s;
08        transition: background 0.2s;
09    }
10    /* 标题元素样式 */
11    .cbp-ig-grid .cbp-ig-title {
12        margin: 20px 0 10px 0;
13        padding: 20px 0 0 0;
14        font-size: 2em;
15        position: relative;
16        -webkit-transition: -webkit-transform 0.2s;
17        -moz-transition: -moz-transform 0.2s;
18        transition: transform 0.2s;
19    }
20    /* 设置鼠标移入的效果 */
21    .cbp-ig-grid li > a:hover {
22        background: #47a3da;
23    }
```

```css
24  .cbp-ig-grid li > a:hover .cbp-ig-icon {
25      -webkit-transform: translateY(10px);
26      -moz-transform: translateY(10px);
27      -ms-transform: translateY(10px);
28      transform: translateY(10px);
29  }
30  .cbp-ig-grid li > a:hover .cbp-ig-icon:before,
31  .cbp-ig-grid li > a:hover .cbp-ig-title {
32      color: #fff;
33  }
34  .cbp-ig-grid li > a:hover .cbp-ig-title {
35      -webkit-transform: translateY(-30px);
36      -moz-transform: translateY(-30px);
37      -ms-transform: translateY(-30px);
38      transform: translateY(-30px);
39  }
40  .cbp-ig-grid li > a:hover .cbp-ig-title:before {
41      background: #fff;
42      margin-top: 80px;
43  }
```

除此之外,我们还通过媒体查询,针对不同宽度的屏幕,实现不同的效果:

```css
01  /*当屏幕宽度小于62.75em样式*/
02  @media screen and (max-width: 62.75em) {
03      .cbp-ig-grid li {
04          width: 50%;
05      }
06      .cbp-ig-grid li:nth-child(-n+3) {
07          border-top: 1px solid #ddd;
08      }
09      .cbp-ig-grid li:nth-child(3n-1),
10      .cbp-ig-grid li:nth-child(3n-2) {
11          box-shadow: none;
12      }
13      .cbp-ig-grid li:nth-child(-n+2) {
14          border-top: none;
15      }
16      .cbp-ig-grid li:nth-child(2n-1) {
17          box-shadow: 1px 0 0 #ddd;
18      }
19  }
20  /*当屏幕宽度小于41.6em样式*/
21  @media screen and (max-width: 41.6em) {
22      .cbp-ig-grid li {
23          width: 100%;
24      }
25      .cbp-ig-grid li:nth-child(-n+2) {
26          border-top: 1px solid #ddd;
27      }
28      .cbp-ig-grid li:nth-child(2n-1) {
```

```
29          box-shadow: none
30      }
31      .cbp-ig-grid li:first-child {
32          border-top: none;
33      }
34  }
35  /*当屏幕宽度小于25em样式*/
36  @media screen and (max-width: 25em) {
37      .cbp-ig-grid {
38          font-size: 80%;
39      }
40      .cbp-ig-grid .cbp-ig-category {
41          margin-top: 20px;
42      }
43  }
```

最终展示效果如图5.1和图5.2所示。

图5.1 宽屏

图5.2 窄屏

5.3 视频

本节的内容读者可能接触比较少，那视频可以变成响应式的吗？有时在Web设计中，根据需要会在页面中加入视频，视频大小的自适应单靠CSS本身似乎是做不到的，那我们该如何处理呢？当然，最好的办法就是站在巨人的肩膀上，看看那些视频网站是怎么处理的？

5.3.1 内嵌视频响应式的难点

对于网站而言视频是极其重要的营销工具。因此，对于富有弹性的响应式视频的需求越来越多。与图片类似，让视频灵活地适配不同屏幕并非易事。这并不关乎视频播放器的尺寸，但即使是播放按钮这样的基础网页元素，也都需要针对千奇百怪的设备来适配和优化。

5.3.2 从其他网站中手动嵌入视频

YouTube以及其他类似的视频托管网站通常以像素为单位固定视频的宽度和高度，并且嵌入到代码中。对于普通网站，这并没有什么不妥；但是对于响应式网页，这样的视频是不适用的。这些使用了内置页框和对象标签的视频网站代码，用HTML5的视频元素来处理是不现实的。简单地说，仅仅使用HTML5的标签无法直接处理来自Youtube和Vimeo的嵌入视频。

这时，可以使用CSS进行处理。具体来说，即使容器元素按比例缩小，仍可以保持视频的内在比例。这种方法有助于将youtube、Vimeo和SlideShare等流媒体网站的视频嵌入到网页中并自然地显示。所需要做的是使用<div>容器来嵌入代码，并指定子元素的绝对位置，这会使得嵌入的视频根据屏幕宽度自动扩展。

【示例5-3】

例如有如下嵌入视频的代码：

```
01  <div class="video-container iframe-container">
02      <iframe src="http://player.vimeo.com/video/23919731" width="500" height="281" frameborder="0"></iframe>
03  </div>
```

通过CSS样式来实现嵌入视频的响应式效果：

```
01  .video-container {
02      position: relative;
03      height: 0;
04      padding-top: 20px;
05      padding-bottom: 93%;
06      overflow: hidden;
07  }
08
09  .video-container embed, .video-container iframe {
10      position: absolute;
11      top: 0;
12      left: 0;
13      width: 100%;
14      height: 100%;
15  }
16
17  .iframe-container {
18      padding-bottom: 56%;
```

19   }

【代码解析】

第2行设置视频包裹容器video-container的position的值为relative，用来为iframe设置为absolute值；

代码第5行设置视频包裹容器padding-bottom的值来计算视频的纵横比例。在示例中，宽高的比例是6:5，表示高度是宽度的93%；如果宽高比是4:3，设置padding-bottom值为75%；

代码第3行将视频包裹元素height设置为0，因为通过padding-bottom来设置元素的高度。不设置width，而是要配合响应式设计自动调整容器的宽度；

代码第6行设置overflow的值为hidden，确保溢出的内容能够隐藏起来。

iframe放置在div.video-container容器里，代码第10行使用绝对定位，因为包含容器的高度为0，如果iframe进行正常的定位，将给iframe的高度也是0；第11~12行设置top和left，将iframe定位在容器的正确位置上；第13~14行设置iframe的width和height值为100%，确保视频占满所用容器空间（实际是设置padding-bottom）的100%。

值得注意的是，剥离出视频并且按照尺寸比例封装到Div的过程并不简单，此外，这项技术对于多视频的网站可行性并不高。不过如果你的网站已经设计成响应式的页面，那么这项技术将会在你的网站上正常运行。

5.4 响应式图表

网站已经有很多现成的图表库来帮我们解决响应式的问题，那我们就不用重复造轮子了，毕竟图表可是个大工程。本节我们介绍的就是一款JavaScript图形图表库ECharts。

5.4.1 一款响应式图表库

从直观上来看，图形和图表要比文本更具表现力和说服力，是展示数据最有效的方式。图表是数据图形化的表示，通过形象的图表来展示数据，例如柱状图、折线图、饼图等不同的图表展示形式。可视化图表可以帮助开发者更容易理解复杂的数据，提高生产的效率和项目的可靠性；同时，用户从图表中可以直观地获取数据信息、查看趋势以及数据对比等。

在本小节中，给大家介绍一款JavaScript图形图表库，即ECharts，可以帮助开发者实现各种功能的图表。ECharts是一款基于Canvas的图表库，提供直观、生动、可交互、可个性化定制的数据可视化图表。ECharts创新的拖曳重计算、数据视图、值域漫游等特性大大增强了用户体验，赋予了用户对数据进行挖掘、整合的能力，提供商业产品常用图表库，底层创建了坐标系、图例、提示、工具箱等基础组件，并在此基础上构建出折线图（区域图）、柱状图（条状图）、散点图（气泡图）、饼图（环形图）、K线图、地图和弦图以及力导向布局图，同时支持任意维度的堆积和多图表混合展现。

第5章 响应式多媒体

【示例5-4】

下面介绍一个简单的ECharts图表的实现。首先,为需要添加图表处增加DOM元素,并且为该DOM元素添加宽高设定:

```
01  <!DOCTYPE html>
02  <head>
03  <meta charset="utf-8">
04  <title>5.4.1 - bar</title>
05  </head>
06  <body>
07  <!-- 为ECharts准备一个适当大小的Dom -->
08  <div id="main" style="height:400px;width:990px;"></div>
09  </body>
```

然后,引入echarts资源文件:

```
01  <!-- ECharts单文件引入 -->
02  <script src="http://echarts.baidu.com/build/dist/echarts.js"></script>
```

并添加echarts所需的模块加载器配置和所需图表的路径(相对路径为从当前页面链接到echarts.js),例如:

```
01  <script type="text/javascript">
02      // 路径配置
03      require.config({
04          paths: {
05              echarts: 'http://echarts.baidu.com/build/dist'
06          }
07      });
08  </script>
```

动态加载echarts和所需图表,回调函数中可以初始化图表并驱动图表的生成:

```
01  <script type="text/javascript">
02  // 使用
03      require(
04          [
05              'echarts',
06              'echarts/chart/bar' // 使用柱状图就加载bar模块,按需加载
07          ],
08          function (ec) {
09              // 基于准备好的dom,初始化echarts图表
10              var myChart = ec.init(document.getElementById('main'));
11              var option = {
12                  tooltip: {
13                      show: true
14                  },
15                  legend: {
16                      data:['销量']
17                  },
18                  xAxis : [
```

```
19                         {
20                             type : 'category',
21                             data : ["衬衫","羊毛衫","雪纺衫","裤子","高跟鞋","袜子"]
22                         }
23                     ],
24                     yAxis : [
25                         {
26                             type : 'value',
27                             axisLabel: {
28                                 formatter: '{value} 件'
29                             }
30                         }
31                     ],
32                     series : [
33                         {
34                             "name":"销量",
35                             "type":"bar",
36                             "data":[5, 20, 40, 10, 10, 20]
37                         }
38                     ]
39                 };
40                 // 为echarts对象加载数据
41                 myChart.setOption(option);
42             }
43         );
44 </script>
```

在浏览器中打开该页面，展示效果如图5.3所示。

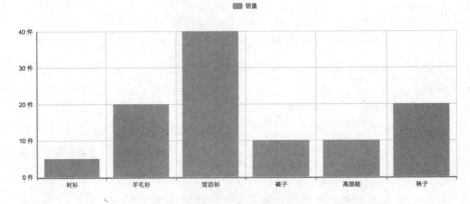

图5.3 一个简单的echarts图表

5.4.2 带Tooltip提示的线形图

【示例5-5】

线形图又称为"点状图"(point chart)、"停顿图"(Stopping chart)或"星状图"(star

chart)。使用ECharts创建线形图，只需要在5.4.1的示例中，修改echarts的配置即可：

```
<script>
// 使用
    require(
        [
            'echarts',
            'echarts/chart/line',
            'echarts/chart/bar' // 使用柱状图就加载bar模块，按需加载
        ],
        function (ec) {
            // 基于准备好的dom，初始化echarts图表
            var myChart = ec.init(document.getElementById('main'));
            var option = {
                title: {
                    text: '未来一周气温变化',
                    subtext: '纯属虚构'
                },
                tooltip: {
                    trigger: 'axis'
                },
                legend: {
                    data: ['最高气温', '最低气温']
                },
                toolbox: {
                    show: true,
                    feature: {
                        mark: {
                            show: true
                        },
                        dataView: {
                            show: true,
                            readOnly: false
                        },
                        magicType: {
                            show: true,
                            type: ['line', 'bar']
                        },
                        restore: {
                            show: true
                        },
                        saveAsImage: {
                            show: true
                        }
                    }
                },
                calculable: true,
                xAxis: [{
                    type: 'category',
                    boundaryGap: false,
                    data: ['周一', '周二', '周三', '周四', '周五', '周六', '周日']
                }],
                yAxis: [{
                    type: 'value',
```

```
53                    axisLabel: {
54                        formatter: '{value} °C'
55                    }
56                }],
57                series: [{
58                    name: '最高气温',
59                    type: 'line',
60                    data: [11, 11, 15, 13, 12, 13, 10],
61                    markPoint: {
62                        data: [{
63                            type: 'max',
64                            name: '最大值'
65                        }, {
66                            type: 'min',
67                            name: '最小值'
68                        }]
69                    },
70                    markLine: {
71                        data: [{
72                            type: 'average',
73                            name: '平均值'
74                        }]
75                    }
76                }, {
77                    name: '最低气温',
78                    type: 'line',
79                    data: [1, -2, 2, 5, 3, 2, 0],
80                    markPoint: {
81                        data: [{
82                            name: '周最低',
83                            value: -2,
84                            xAxis: 1,
85                            yAxis: -1.5
86                        }]
87                    },
88                    markLine: {
89                        data: [{
90                            type: 'average',
91                            name: '平均值'
92                        }]
93                    }
94                }]
95            };
96            // 为echarts对象加载数据
97            myChart.setOption(option);
98        }
99    );
100 </script>
```

【代码解析】

注意，代码第23~44行中，增加了toolbox的配置，即提示框的配置。代码第59行中，设置图表类型为line，即线形图类型。线形图展示效果如图5.4所示。

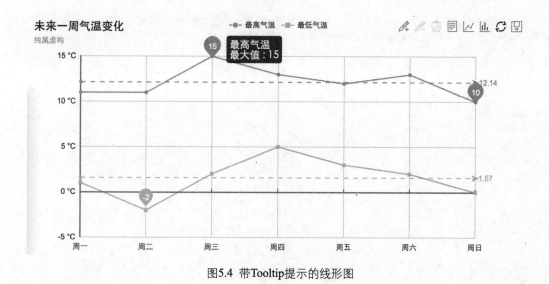

图5.4 带Tooltip提示的线形图

5.4.3 简单的饼图

【示例5-6】

饼图英文学名为Sector Graph, 又名Pie Graph。使用ECharts创建线形图，只需要在5.4.1的示例中，修改echarts的配置即可：

```
01  <script>
02  // 使用
03      require(
04          [
05              'echarts',
06              'echarts/chart/pie',
07              'echarts/chart/line',
08              'echarts/chart/bar'  // 使用柱状图就加载bar模块，按需加载
09          ],
10          function (ec) {
11              // 基于准备好的dom，初始化echarts图表
12              var myChart = ec.init(document.getElementById('main'));
13              // 图表使用--------------------
14              var option = {
15                  title: {
16                      text: '家庭支出',
17                      subtext: '纯属虚构',
18                      x: 'center'
19                  },
20                  tooltip: {
21                      trigger: 'item',
22                      formatter: "{a} <br/>{b} : {c} ({d}%)"
23                  },
24                  legend: {
25                      orient: 'vertical',
26                      x: 'left',
```

```
27                    data: ['日常开支','投资理财','奢侈消费','子女教育','
家庭备用金']
28                },
29                toolbox: {
30                    show: true,
31                    feature: {
32                        mark: {
33                            show: true
34                        },
35                        dataView: {
36                            show: true,
37                            readOnly: false
38                        },
39                        magicType: {
40                            show: true,
41                            type: ['pie', 'funnel'],
42                            option: {
43                                funnel: {
44                                    x: '25%',
45                                    width: '50%',
46                                    funnelAlign: 'left',
47                                    max: 1548
48                                }
49                            }
50                        },
51                        restore: {
52                            show: true
53                        },
54                        saveAsImage: {
55                            show: true
56                        }
57                    }
58                },
59                calculable: true,
60                series: [{
61                    name: '支出类型',
62                    type: 'pie',
63                    radius: '55%',
64                    center: ['50%', '60%'],
65                    data: [{
66                        value: 3000,
67                        name: '日常开支'
68                    }, {
69                        value: 3200,
70                        name: '投资理财'
71                    }, {
72                        value: 1000,
73                        name: '奢侈消费'
74                    }, {
75                        value: 1600,
76                        name: '子女教育'
77                    }, {
78                        value: 1600,
79                        name: '家庭备用金'
80                    }]
```

```
81                          }]
82                 };
83                 // 为echarts对象加载数据
84                 myChart.setOption(option);
85             }
86        );
87 </script>
```

【代码解析】

注意,代码第62行中,设置图表类型为pie,即饼图类型。饼图展示效果如图5.5所示。

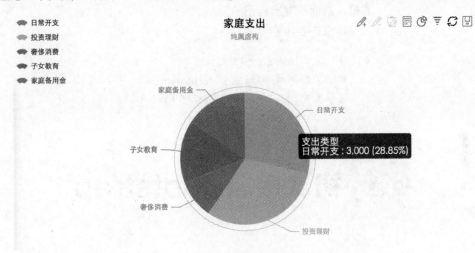

图5.5 简单的饼图

 小结

在本章中,首先介绍了响应式图标和图像的实现方式。很多时候,单一方式的实现方法满足理想效果需要结合多种组合方式,但原则上尽可能时保持简单轻巧,保证可维护性和可扩展性;否则页面实现得太过复杂,也会影响整体体验和页面性能。其次,介绍了响应式视频、响应式图表(包括柱形图、线形图、饼图等)的实现方案。ECharts图表的使用更多详情可访问ECharts官方网站 http://echarts.baidu.com/doc/doc.html ,查看更多详细使用文档和API介绍。

第6章 Bootstrap入门

Bootstrap来自Twitter，是目前最受欢迎的跨平台前端框架，它基于HTML、CSS、JavaScript，简洁灵活，能使得Web开发或移动开发更加快捷。只要我们具备HTML和CSS的基础知识，就可以阅读本章，进而开发出自己的网站。

本章主要内容包括：

- 认识Bootstrap的优势
- 下载并在网站中引入Bootstrap
- 调用Bootstrap为我们提供的样式、组件和特效

6.1 初次接触Bootstrap

Bootstrap是当前应用最广泛、最为开发者所熟知的前端框架，它缘何出现？发展的历程是什么？实现了哪些功能？为何如此流行？本节将揭开谜题。

6.1.1 Bootstrap的优势

Bootstrap是Twitter公司于2011年8月开源的整体式前端框架，它由Twitter的设计师Mark Otto和Jacob Thornton合作开发。经过短短几个月的时间就红遍全球，大量Bootstrap风格的网站出现在互联网的信息浪潮之中，而应用更为广泛的是它的后台管理界面。笔者近两年接触的所有互联网项目的后台均采用了Bootstrap进行构建。为什么它如此流行呢？

1．功能强大和样式美观的强强联合

Bootstrap包含了绝大多数的常用页面组件和动态效果，并且它是由专业的网页设计师精心制作的，足够的美观精致，即使是一个没有专业网页设计师的团队也可以利用Bootstrap快速地构建简洁美观的页面，而在Bootstrap出现之前，快速和美观往往是互斥的。

一些大型互联网公司（如Google、雅虎、新浪、百度等）都会有强大的内部通用样式库和JavaScript组件库，但它们一方面是不开源的，另一方面大部分库都带有这些公司的特定风格和烙印，即使开源，应用面也并不广泛。

2．简单易用，文档丰富

Bootstrap使用起来特别简单，并且有非常详尽的文档（如图6.1），甚至可以不用查看代

码，只需把文档当作"黑盒"来使用，就可以构建出相当漂亮的页面效果，而且样式类的语义性非常好，根据英文单词的意义很容易记忆。

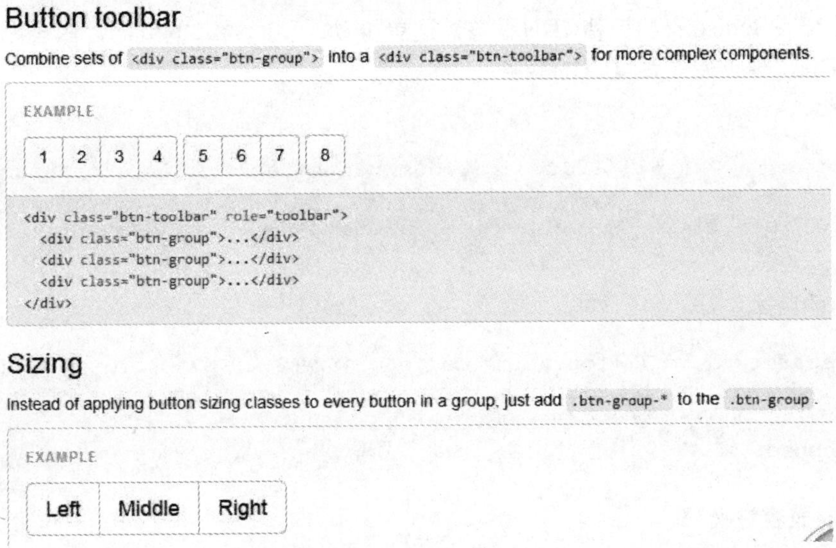

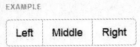

图6.1　Bootstrap的文档样例

3．高度可定制

Bootstrap的一大优点是它极佳的可定制性，一方面可以有选择性地只下载自己需要的组件，另一方面在下载前可以调配参数（如图6.2）来匹配自己的项目。由于Bootstrap是完全开源的，使用者也可以根据自己的需要来更改代码。

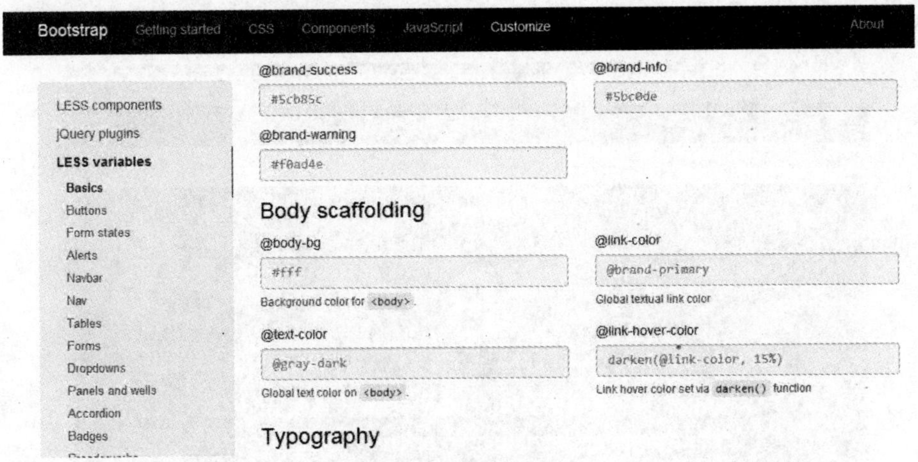

图6.2　定制化选择界面

4．丰富的生态圈

由于Bootstrap如此优秀，在Web开发领域出现了很多基于Bootstrap的插件，一些集成的CMS也开始应用Bootstrap。例如图标字体插件Font Awesome、富文本编辑器插件bootstrapwysihtml5、Rails插件bootstrap-sass等等，还有很多基于Bootstrap的"皮肤"插件，弥补了Bootstrap流行后同质化严重的问题，例如基于Window Metro风格的Flat UI、基于Google风格的Google Bootstrap。

国内外都有Bootstrap的免费CDN服务，这更推动了Bootstrap的流行，由于国内无法使用Google的CDN，建议使用百度CDN服务：

未压缩版本：

```
<script src="http://libs.baidu.com/bootstrap/2.0.4/js/bootstrap.js"></script>
<link href="http://libs.baidu.com/bootstrap/2.0.4/css/bootstrap.css" rel="stylesheet">
```

压缩后的版本：

```
<script src="http://libs.baidu.com/bootstrap/2.0.4/js/bootstrap.min.js"></script>
<link href="http://libs.baidu.com/bootstrap/2.0.4/css/bootstrap.min.css" rel="stylesheet">
```

5．布局兼容性良好

虽然Bootstrap采用了很多CSS 3的效果，但是在布局上可以兼容到IE 7。使用Bootstrap可以很大程度上避免在IE下的布局错乱。当然，在较老版本的IE浏览器下，效果会打一些折扣。

6.1.2　下载Bootstrap

Bootstrap的官方网站地址是http://getbootstrap.com/，界面如图6.3所示。可以在官网下载最新的版本和详细的使用说明文档。目前国内也有不错的Bootstrap汉化文档，地址是http://www.bootcss.com/。

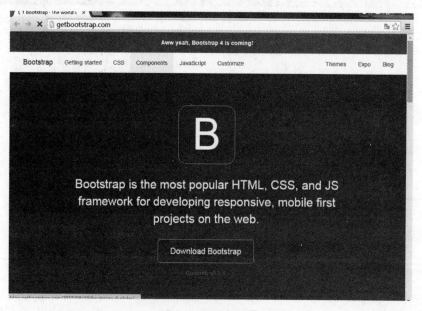

图6.3　Bootstrap官网

单击Download Bootstrap按钮，转到下载页面，如图6.4所示。我们选择第一项，不包括一些基本的源码或文档，如果想深入学习Bootstrap的源码则下载第二项。下载第二项要注意，Bootstrap的源代码是使用CSS的预编译语言Less编写的，下载源码需要LESS编译器。应用Bootstrap必须使用已经编译好的CSS文件。

图6.4 下载选项

下载下来的是一个压缩包bootstrap-3.3.5-dist.zip，解压后的效果如图6.5所示。这里最关键的是css文件和js文件。后面我们会详细地讲解如何使用它。

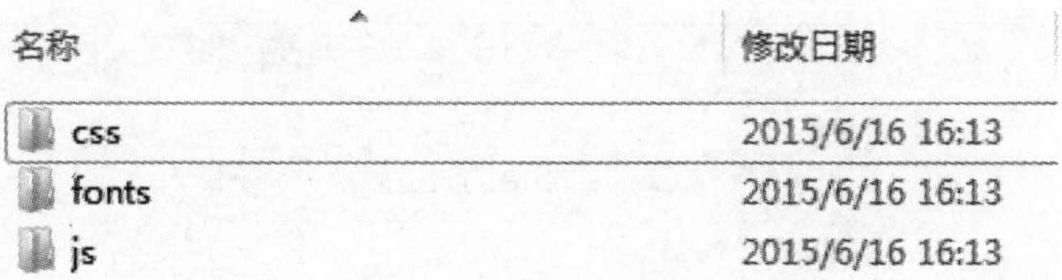

图6.5 下载下来的压缩包解压后

6.2 在网站中引入Bootstrap

在网站中引入Bootstrap的方法很简单，和引入其他CSS或JavaScript文件一样，使用<script>标签引入JavaScript文件，使用<link>标签引入CSS文件。不过需要注意的是Bootstrap的JavaScript效果都是基于jQuery的，因此需要使用Bootstrap的JavaScript动态效果的话，必须先引入jQuery。

 注意　这里我们可以去http://jquery.com/download/下载最新jQuery文件，或使用当前项目中已有的jQuery版本。

【示例6-1】引入Bootstrap

```
01  <html>
```

```
02  <head>
03      <link href="../bootstrap/css/bootstrap.css" rel="stylesheet">
04  </head>
05  <body>
06      Html code.........
07      ....................
08  <script src="../bootstrap/js/jQuery.js"></script>          <!--jQuery应
该放在前面优先加载-->
09  <script src="../bootstrap/js/bootstrap.js"></script>
10  </body>
11  </html>
```

> **注意** JavaScript文件放在文档尾部有助于提高加载速度。

【代码解析】

引入Bootstrap还可以使用第三方的CDN服务，Bootstrap 3版本则建议使用Bootstrap中文网提供的CDN，网址是http://open.bootcss.com/；当然如果是做国外的项目，首选则是Google的CDN服务了。

本例效果如图6.6所示。

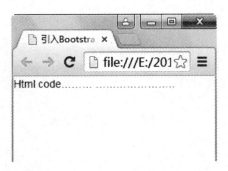

图6.6 引入Bootstrap但还没有应用样式

6.3 调用Bootstrap的样式

以编写一个表格为例，如果不使用Bootstrap或者其他类似的框架，有以下两步：

（1）第一步肯定是构思设计表格的样式，宽度、高度、行高、对齐方式、边框等等很多地方需要考虑，而且一开始的设想与实际效果并不符合，还需要后面不断地调试。

（2）第二步需要编写相应的HTML/CSS代码，边写，边调试，还要边思考如何给id或者class命名，最后可能还需要上司或者同事进行审核。

如果决定使用Bootstrap，那么只需要引入Bootstrap，然后在<table>标签中添加一个

class="table"就可以获得一个Bootstrap设定好的表格样式。

【示例6-2】

应用Bootstrap样式的表格：

```
01  <html>
02  <head>
03    <link href="../bootstrap/css/bootstrap.css" rel="stylesheet">
04  </head>
05  <body>
06    <table class="table">    <!--只需要添加class="table"即可-->
07      <tr>
08        <th>姓名</th>
09        <th>年龄</th>
10        <th>职业</th>
11      </tr>
12      <tr>
13        <td>王文清</td>
14        <td>22</td>
15        <td>程序员</td>
16      </tr>
17      <tr>
18        <td>李成供</td>
19        <td>23</td>
20        <td>程序员</td>
21      </tr>
22    </table>
23    <script src="../bootstrap/js/jQuery.js"></script>
24    <script src="../bootstrap/js/bootstrap.js"></script>
25  </body>
26  </html>
```

效果如图6.7所示。

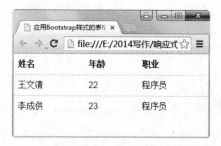

图6.7 应用Bootstrap的表格样式

当然，Bootstrap不会死板地只提供一种样式，对于表格来说，还可以添加table-striped类来添加斑马纹，添加table-bordered来为表格加上边框。

【示例6-3】

```
01  <table class="table table-striped table-bordered">
02    <tr>
03      <th>姓名</th>
04      <th>年龄</th>
```

```
05    <th>职业</th>
06    </tr>
07    <tr>
08    <td>王文清</td>
09    <td>22</td>
10    <td>程序员</td>
11    </tr>
12    <tr>
13    <td>李成供</td>
14    <td>23</td>
15    <td>程序员</td>
16    </tr>
17    </table>
```

代码效果如图6.8所示。

姓名	年龄	职业
王文清	22	程序员
李成供	23	程序员

图6.8 带斑马纹和边框的表格

6.4 调用Bootstrap的组件

除了添加class的方式外，在布局方面，只要符合约定的一些class命名和嵌套结构，我们就可以轻松地构建出一些通用组件，以导航条为例。

【示例6-4】

```
01  <html>
02  <head>
03    <link href="../bootstrap/css/bootstrap.css" rel="stylesheet">
04  </head>
05  <body>
06  <div class="navbar">
07    <div class="navbar-inner">
08      <a class="brand" href="#">检验整理多动手</a>
09      <ul class="nav">
10        <li class="active"><a href="#">首页</a></li>
11        <li><a href="#">新闻频道</a></li>
12        <li><a href="#">评论</a></li>
13      </ul>
14    </div>
15  </div>
16  <script src="../bootstrap/js/jQuery.js"></script>
```

```
17    <script src="../bootstrap/js/bootstrap.js"></script>
18    </body>
19    </html>
```

只要符合div.navbar > div.navbar-inner > ul.nav >li 这样的HTML文档结构，就可以构建出一个顶部导航条，效果如图6.9所示。

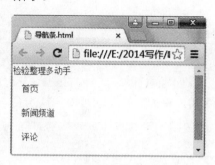

图6.9 导航条

6.5 调用Bootstrap的js特效

对于Bootstrap中JavaScript效果的添加，一方面需要根据文档编写特定的HTML结构，另一方面需要调用JavaScript插件。下面以标签页切换效果为例来讲解。

【示例6-5】

（1）首先编写HTML文档：

```
01  <ul class="nav nav-tabs" id="myTab">
02      <li class="active"><a href="#home" data-toggle="tab">首页</a></li>
03      <li><a href="#profile" data-toggle="tab">娱乐</a></li>
04      <li><a href="#messages" data-toggle="tab">评论</a></li>
05      <li><a href="#settings" data-toggle="tab">灌水</a></li>
06  </ul>
07  <!--href属性的值要和后面tab-pine中的id值对应-->
08
09  <div class="tab-content">
10      <div class="tab-pane active" id="home">中国男足在2018世预赛亚洲40强小组赛关键战中客场0-1负于卡塔尔。此战过后卡塔尔4战全胜积12分，已在榜首位置确立明显优势，中国队2胜1平1负积7分，排名降到小组第三，争夺小组头名从而确保出线权的前景已非常被动。王大雷在比赛中多次做出精彩扑救，但布迪亚夫在第22分钟为卡塔尔打入制胜球，于大宝、于汉超所形成的威胁攻门未能为中国队取得入球。
11      </div>                 <!--tab标签对应的内容-->
12      <div class="tab-pane" id="profile">………</div>
13      <div class="tab-pane" id="messages">………</div>
14      <div class="tab-pane" id="settings">………</div>
```

```
15  </div>
```

（2）JavaScript插件的调用一般有两种方式，一种是采用Bootstrap自带的触发规则，在标签中添加data-toggle="tab"这样的属性来实现（上述代码第2行），这种方式的好处是无须编写任何JavaScript代码就可以实现功能；另一种则类似普通jQuery插件的调用方式，例如：

```
$('#myTab a').click(function (e) {
e.preventDefault();
$(this).tab('show');
})
```

本例最终实现的效果如图6.10，单击标签页就可以切换内容。

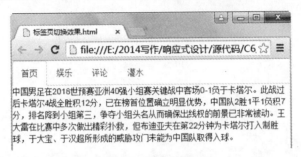

图6.10 标签页效果

6.6 实战：一个Bootstrap实现的响应式页面V1.0

Bootstrap 3默认就引入了响应式设计，相比2.X版本，它有两点比较大的变化：

- 拥抱大屏幕，移除了小屏手机和大屏手机（480~768像素）这个媒介查询区间，768像素以下的统一归为小屏幕设备。
- 设计了表现不同的栅格类，对栅格类的命名规则也做了很大的修改，更复杂但使用也更灵活，能适应更多的场景。

在Bootstrap 2中，栅格全部采用span*作为前缀。而在Bootstrap 3中采用了col-type-*这样命名的前缀，其中type可以取xs（超小屏）、sm（小屏）、md（中屏）、lg（大屏）4个值。通过表6.1可以详细查看Bootstrap的栅格系统是如何在多种屏幕设备上工作的。

表6.1 Bootstrap 3的响应式布局区间

	超小屏幕设备 手机 (<768px)	小屏幕设备 平板 (≥768px)	中等屏幕设备 桌面 (≥992px)	大屏幕设备 桌面 (≥1200px)
栅格系统行为	总是水平排列	开始是堆叠在一起的，超过这些阈值将变为水平排列		
最大.container宽度	None（自动）	750px	970px	1170px
class前缀	.col-xs-	.col-sm-	.col-md-	.col-lg-
列数	12			
最大列宽	自动	60px	78px	95px
槽宽	30px（每列左右均有15px）			
可嵌套	Yes			
Offsets	N/A	Yes		
列排序	N/A	Yes		

Bootstrap中的响应式页面V1.0：

```
01  <html>
02  <head>
03      <script src="http://libs.baidu.com/jquery/1.9.0/jquery.js"></script>
04      <script src="http://cdn.bootcss.com/twitter-bootstrap/3.0.2/js/bootstrap.js"></script>
05      <link href="http://cdn.bootcss.com/twitter-bootstrap/3.0.2/css/bootstrap.css" rel="stylesheet">
06  </head>             <!-- 引入Bootstrap 3-->
07  <body style="margin:20px">
08      <div class="container">
09        <div class="row">
10          <div class="col-xs-12 col-sm-3 col-md-5 col-lg-4">   <!-- 左侧边栏 -->
11              <h1>体育新闻</h1>
12  <h1>娱乐新闻</h1>
13  <h1>经济新闻</h1>
14          </div>
15          <div class="col-xs-12 col-sm-9 col-md-7 col-lg-8">   <!-- 右侧边栏 -->
16              <p>大雷在比赛中多次做出精彩扑救，但布迪亚夫在第22分钟为卡塔尔打入制胜球，于大宝、于汉超所形成的威胁攻门未能为中国队取得入球。</p>
17          </div>
18        </div>
19      </div>
20  </body>
21  </html>
```

本例效果如图6.11所示（在不同的宽度下显示效果会有所不同）。

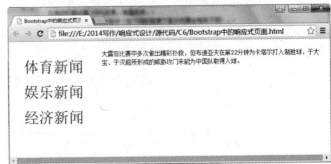

图6.11 Bootstrap中的响应式页面

 小结

本章只是初步介绍了学习Bootstrap之前的必要步骤,需要读者先知道什么是Bootstrap,然后学会下载Bootstrap,再然后了解Bootstrap为我们提供了哪些方便的技术,这其中包括样式、组件和特效。每一种技术背后,我们都通过一个很简单的示例来教会读者如何应用Bootstrap的这些技术。Bootstrap虽然使用简单,但包含的内容还是很多的,所以接下来的章节我们会继续练习Bootstrap提供的这些便捷技术。

Bootstrap的样式设计

第 7 章

Bootstrap的基本样式包括表格、表单、按钮、图片、工具类等几大类，基本的使用方式都是通过添加特定名称的class来实现的。

本章主要内容包括：

- 掌握网页中字体的设置
- 学习表格的多种样式应用
- 学习表单和按钮的响应式设计技巧
- 学习Bootstrap中图片的应用

7.1 字体

字体的使用会影响网页的外观，目前很多输入法都自带字体，就是为了让打出来的字更赏心悦目。在样式设计中，选择什么样的字体、字与字之间的间距、段落之间的间距、标题有多大都是影响页面的关键所在。本节就介绍Bootstrap提供的字体样式和全局设计。

7.1.1 标题

Bootstrap重新定义了<h1>~<h6>标签的样式，Bootstrap 3用了半加粗的字体，所有标题的行高都采用了1.1倍字体尺寸。如果用旧版本的Bootstrap 2和Bootstrap 3会略有区别，两者对比如图7.1。

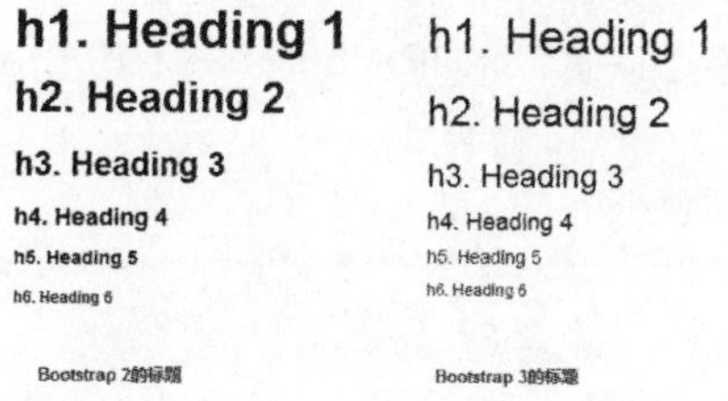

h1. Heading 1
h2. Heading 2
h3. Heading 3
h4. Heading 4
h5. Heading 5
h6. Heading 6
Bootstrap 2的标题

h1. Heading 1
h2. Heading 2
h3. Heading 3
h4. Heading 4
h5. Heading 5
h6. Heading 6
Bootstrap 3的标题

图7.1 <h1>~<h6>标签的对比

不过依笔者的经验，大多数网站对于标题都会采用自己设计的样式，Bootstrap默认的标题样式一般只会在做后台管理或者内部工具的时候才会使用，主要是解决了各个浏览器下默认样式不一致的问题，而且相比浏览器默认的样式还是要美观不少。

可以在标题中插入<small>标签或者.small元素来设置副标题，例如：

```
<h1>h1. Bootstrap heading <small>Secondary text</small></h1>
```

效果如图7.2所示。

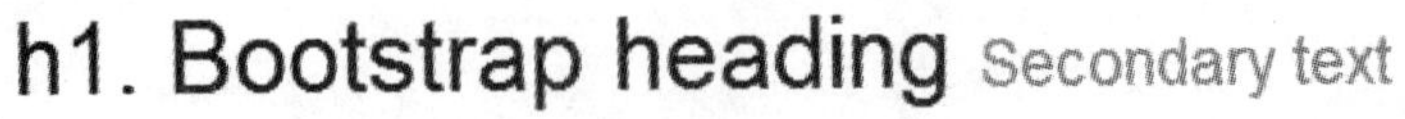

h1. Bootstrap heading Secondary text

图7.2 <small>标签效果

【示例7-1】标题

```
01  <html>
02  <head>
03    <link href="../bootstrap/css/bootstrap.css" rel="stylesheet">
04  </head>
05  <body>
06  <h1>构建跨平台APP  <small>jQuery Mobile移动应用实战</small></h1>
07  《构建跨平台APP：jQuery Mobile移动应用实战》以APP项目实战为主线来讲解jQuery Mobile移动开发，这些APP是全平台项目，可以跨平台使用。《构建跨平台APP：jQuery Mobile移动应用实战》主要面向初、中级读者，通过《构建跨平台APP：jQuery Mobile移动应用实战》的学习，读者能够快速掌握使用jQuery Mobile进行移动开发的方法和过程。
08  <script src="../bootstrap/js/jQuery.js"></script>
09  <script src="../bootstrap/js/bootstrap.js"></script>
10  </body>
11  </html>
```

本例效果如图7.3所示。

图7.3 标题和副标题

7.1.2 全局字体和段落

Bootstrap 3中的全局字体是14px，为了提高可用性和适应性，将行高（line-height）从固定高度改为了字体的倍数，默认为字体尺寸的1.428倍。对于段落（<p>），可以通过添加

class="lead"进行突出显示。

【示例7-2】全局字体和段落

```
01  <html>
02  <head>
03    <link href="../bootstrap/css/bootstrap.css" rel="stylesheet">
04  </head>
05  <body>
06  <h1>构建跨平台APP   <small>jQuery Mobile移动应用实战</small></h1>
07  <p class="lead">《构建跨平台APP：jQuery Mobile移动应用实战》以APP项目实战为主线来讲解jQuery Mobile移动开发，这些APP是全平台项目，可以跨平台使用。《构建跨平台APP：jQuery Mobile移动应用实战》主要面向初、中级读者，通过《构建跨平台APP：jQuery Mobile移动应用实战》的学习，读者能够快速掌握使用jQuery Mobile进行移动开发的方法和过程。</p>
08  <script src="../bootstrap/js/jQuery.js"></script>
09  <script src="../bootstrap/js/bootstrap.js"></script>
10  </body>
11  </html>
```

Bootstrap默认的全局字体和段落效果如图7.4所示，其中正文采用了段落的突出显示，请读者注意段落间距和字间距。如果认为默认设置不合适，可以修改Bootstrap代码或者自己编写代码进行覆盖。读者可以对比其与图7.3的区别。

图7.4 Bootstrap默认的全局字体和段落效果

7.2 表格

虽然DIV+CSS设计比表格设计看起来更流行，但网页中依然少不了表格。Bootstrap也提供了很多表格样式，本节我们简要介绍下。

7.2.1 基本用法

构建Bootstrap的表格基础样式是通过为<table>标签添加class="table"来实现的，前面我们曾简单介绍过，代码如下：

```
<table class="table">
  <tr>
    <th>#</th>
    <th>姓</th>
    <th>名</th>
    <th>昵称</th>
  </tr>
  <tr>
    <td>1</td>
    <td>李</td>
    <td>四</td>
    <td>拉里</td>
  </tr>
  ........................
</table>
```

Bootstrap的表格默认样式是不带边框和分隔的，如图7.5所示。

#	姓	名	昵称
1	李	四	拉里
2	王	五	博德
3	赵	四	詹姆斯

图7.5 Bootstrap的表格默认样式

7.2.2 表格的附加样式

添加了表格的基础样式后，Bootstrap还提供4种附加样式：

- .table-bordered：为表格加上边框，如图7.6所示。
- .table-striped：为表格加上斑马线效果，如图7.7所示。
- .table-hover：鼠标悬停在表格行上时展现不同的颜色，如图7.8所示。
- .table-condensed：更为紧凑的表格样式，如图7.9所示。

第7章 Bootstrap的样式设计

#	姓	名	昵称
1	李	四	拉里
2	王	五	博德
3	赵	四	詹姆斯

图7.6 table-bordered样式

#	姓	名	昵称
1	李	四	拉里
2	王	五	博德
3	赵	四	詹姆斯

图7.7 table-striped样式

> **注意** 表格的斑马线是通过:nth-child CSS选择器实现的,这是一个CSS 3新加入的选择器,因此无法被IE 9以前的浏览器支持。

#	姓	名	昵称
1	李	四	拉里
2	王	五	博德
3	赵	四	詹姆斯

图7.8 table-hover样式

> **注意** 鼠标悬停在颜色不同的那一行。

#	姓	名	昵称
1	李	四	拉里
2	王	五	博德
3	赵	四	詹姆斯

图7.9 table-condensed样式

这4种样式是可以叠加使用的,我们来看一个例子。

【示例7-3】

```
01  <table class="table table-bordered table-striped">
02      <tr>
03          <th>#</th>
04          <th>姓</th>
05          <th>名</th>
```

```
06        <th>昵称</th>
07      </tr>
08      <tr>
09        <td>1</td>
10        <td>李</td>
11        <td>四</td>
12        <td>拉里</td>
13      </tr>
14      ..........................
15 </table>
```

实际效果如图7.10所示，表格加上了斑马纹和边框效果。

#	姓	名	昵称
1	李	四	拉里
2	王	五	博德
3	赵	四	詹姆斯

图7.10 加上了斑马纹和边框效果的表格

7.2.3 为表格行或单元格添加状态标识

实际需求中常常要将某些表格行或者单元格进行特殊的标记，Bootstrap也提供了这一支持，通过为表格中的<tr>添加相应的class即可实现。

- .active：鼠标悬停在行或单元格上时所设置的颜色
- .success：标识成功或积极的动作
- .warning：标识警告或需要用户注意
- .danger：标识危险或潜在的危险会带来负面影响的动作

例如下面的代码：

```
<!--为表格行添加标示 -->
<tr class="active">...</tr>
<tr class="success">...</tr>
<tr class="warning">...</tr>
<tr class="danger">...</tr>
<!--为单元格(`td`或者`th`)添加标示 -->
<tr>
  <td class="active">...</td>
  <td class="success">...</td>
  <td class="warning">...</td>
  <td class="danger">...</td>
</tr>
```

【示例7-4】为表格行或单元格添加状态标识

```
01 <html
```

```
02  <head>
03    <link href="../bootstrap/css/bootstrap.css" rel="stylesheet">
04  </head>
05  <body>
06  <table class="table  table-bordered  table-striped">
07    <tr class="active">
08      <th>#</th>
09      <th>姓</th>
10      <th>名</th>
11      <th>昵称</th>
12    </tr>
13    <tr>
14      <td>1</td>
15      <td>李</td>
16      <td>四</td>
17      <td  class="warning">拉里</td>
18    </tr>
19    <tr class="danger">
20          <td>2</td>
21          <td>王</td>
22          <td>五</td>
23          <td>博德</td>
24      </tr>
25      <tr>
26          <td>3</td>
27          <td>赵</td>
28          <td>四</td>
29          <td class="active">詹姆斯</td>
30      </tr>
31  </table>
32  <script src="../bootstrap/js/jQuery.js"></script>
33  <script src="../bootstrap/js/bootstrap.js"></script>
34  </body>
35  </html>
```

读者可以运行此示例,对比下添加了不同状态后行或单元格的变化,本例效果如图7.11所示。

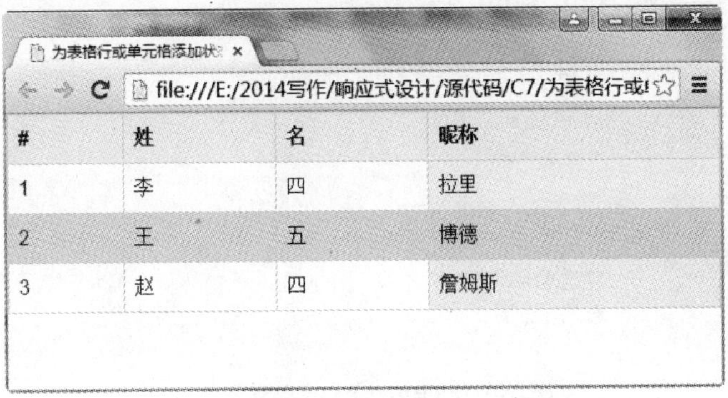

图7.11 为表格行或单元格添加状态标识

7.2.4 响应式表格

响应式表格是Bootstrap 3中新加入的特性，可以让较宽的表格在小屏幕设备上（小于768px）出现水平滚动条。当屏幕大于768px宽度时，水平滚动条消失，效果如图7.12所示。

图7.12 小屏幕设备上的滚动条

使用方法很简单，只需要把表格包裹在一个class="table-responsive"的元素中即可，例如：

```
<div class="table-responsive">
<table class="table"> ... </table>
</div>
```

这里我们不再具体说明，读者可以将这个样式添加在前面所举的表格示例中测试。

7.3 表单

表单有很多类型，如文本输入框、下拉菜单、单选按钮、复选框、提交按钮等等，Bootstrap提供了一整套风格统一、简洁美观的表单样式，只要引入Bootstrap，无须做任何配置，表单的样式就会生效，如图7.13所示。

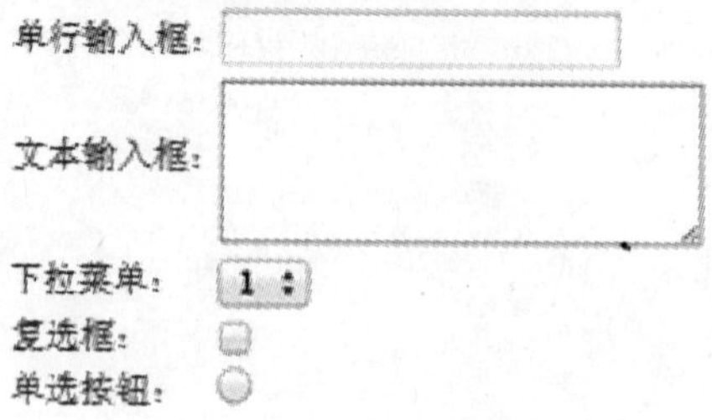

图7.13 Bootstrap 3下表单默认样式

> **注意** 在Bootstrap 3中，只有正确设置了.form-control类的input和textarea元素才能被赋予正确的样式，如图7.14。

图7.14 Bootstrap 3添加.form-control类后输入框样式

Bootstrap更为便捷的是，只需要简单地配置，就可以组合出诸如搜索框、按钮下拉菜单、表单对齐等实战中经常用到的效果。

表单对齐是表单应用中最基本、最常用的技巧，解决方案多种多样，既可以通过调整元素的内外边距，也可以使用表格；而Bootstrap则提供了一种通用的解决方案，下面以Bootstrap 3的表单为例介绍。

【示例7-5】

如果要出现<label>提示和表单元素换行的情况，类似图7.15这样的效果。

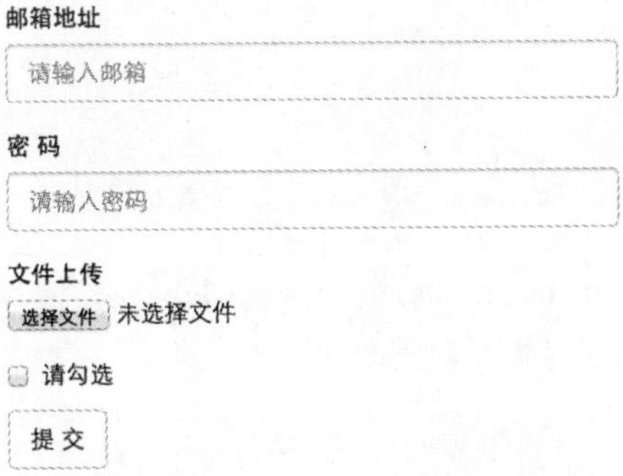

图7.15 <label>提示和表单元素换行显示

这种情况可以采取如下代码处理：

```
01  <form role="form">
02      <div class="form-group">                      <!-- form-group用于调整表单排列效果-->
03          <label for="Email1">邮箱地址</label>
04  <input type="email" class="form-control" id="Email1" placeholder="Enter email">
05          <!-- 添加form-control类用于将表单设置为100%宽度，并添加样式上的美化-->
06      </div>
07      <div class="form-group">
08          <label for="Password1">密码</label>
09          <input type="password" class="form-control" id="Password1" placeholder="Password">
10      </div>
11      <div class="form-group">
```

```
12      <label for="exampleInputFile">文件上传</label>
13      <input type="file" id="exampleInputFile">
14      <p class="help-block">……</p>
15    </div>
16    <div class="checkbox">
17      <label>
18        <input type="checkbox">请勾选
19      </label>
20    </div>
21    <button type="submit" class="btn btn-default">提交</button>
22  </form>
```

其中所有设置了.form-control的<input>、<textarea>和<select>元素都将被默认设置为width:100%;。将label和前面提到的这些控件包裹在.form-group中可以获得最佳的排列效果。

【示例7-6】

<label>和表单在同一行也是一种常见的需求，如图7.16这样的效果。

图7.16 <label>提示和表单元素同行显示

这里需要为<form>添加.form-horizontal类，并为<label>元素添加 .control-label类，此外还需要用到之前介绍的栅格系统，例如下面的代码：

```
01  <form class="form-horizontal" role="form">
02    <div class="form-group">
03      <label for="inputEmail3" class="col-sm-2 control-label">邮箱</label>
04      <div class="col-sm-10">
05        <input type="email" class="form-control" id="inputEmail3" placeholder="Email">
06      </div>
07    </div>
08    <div class="form-group">
09      <label for="Password3" class="col-sm-2 control-label">密码</label>
10      <div class="col-sm-10">
11        <input type="password" class="form-control" id="iPassword3" placeholder="Password">
12      </div>
13    </div>
14    <div class="form-group">
15      <div class="col-sm-offset-2 col-sm-10">
16        <div class="checkbox">
17          <label>
```

```
18          <input type="checkbox"> 记住密码
19        </label>
20      </div>
21    </div>
22  </div>
23  <div class="form-group">
24    <div class="col-sm-offset-2 col-sm-10">
25      <button type="submit" class="btn btn-default">登录</button>
26    </div>
27  </div>
28 </form>
```

如果需要制作排成一行的表单，并有合适的间距，且可以适应不同尺寸窗口的显示，如图7.17这样的效果。

图7.17 内联表单样式

Bootstrap的解决方案是为<form>元素添加form-inline 类：

```
<form class="form-inline" role="form">
  <div class="form-group">
......
  <button type="submit" class="btn btn-default">登录</button>
</form>
```

7.4 按钮

页面中大部分的操作都是通过按钮来完成的，Bootstrap也提供了丰富的按钮样式。

7.4.1 按钮的基本样式

Bootstrap提供了一组标准的按钮配色和大小调整方案，只需要简单地应用相应的按钮类即可。Bootstrap 3提供的按钮标准样式如图7.18所示。

图7.18 Bootstrap 3中的按钮样式

【示例7-7】

下面是对应图7.18的代码：

```
01  <!-- 标准按钮样式 -->
02  <button type="button" class="btn btn-default">默认</button>
03
04  <!-- 表示主要的按钮 -->
05  <button type="button" class="btn btn-primary">主要</button>
06
07  <!-- 表示成功的按钮 -->
08  <button type="button" class="btn btn-success">成功</button>
09
10  <!-- 表示消息提示 -->
11  <button type="button" class="btn btn-info">信息</button>
12
13  <!-- 表示警告 -->
14  <button type="button" class="btn btn-warning">警告</button>
15
16  <!-- 表示危险操作 -->
17  <button type="button" class="btn btn-danger">危险</button>
18
19  <!--使其看起来像一个链接，同时保持按钮的行为 -->
20  <button type="button" class="btn btn-link">Link</button>
```

按钮类的总结参见表7.1。

表7.1 按钮类说明

意义	按钮类	颜色和样式
标准样式	btn btn-default	白色
主要按钮	btn btn-pri	深蓝色
成功	btn btn-success	绿色
消息	btn btn-info	淡蓝色
警告	btn btn-warning	橙黄色
危险操作	btn btn-danger	红色
链接	btn btn-link	和链接的样式一样

> 注意：按钮类不仅可以用于<button>标签，还可以用于<a>或<input>标签，它们的样式表现是一致的，不过出于浏览器表现一致性的考虑，Bootstrap推荐使用<button>标签。

7.4.2 调节按钮大小

Bootstrap还提供了.btn-lg、.btn-sm或者.btn-xs 3个类对按钮的大小进行标准化的调节，如图7.19所示。

第7章 Bootstrap的样式设计

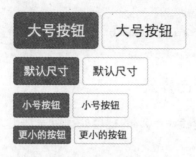

图7.19 调节按钮大小

【示例7-8】

图7.19分别显示了大按钮（.btn-lg）、标准按钮、小按钮（.btn-sm）、超小按钮（.btn-xs），其相应的代码如下：

```
01  <p>
02    <button type="button" class="btn btn-primary btn-lg">大号按钮</button>
03    <button type="button" class="btn btn-default btn-lg">大号按钮</button>
04  </p>
05  <p>
06    <button type="button" class="btn btn-primary">默认按钮</button>
07    <button type="button" class="btn btn-default">默认按钮</button>
08  </p>
09  <p>
10    <button type="button" class="btn btn-primary btn-sm">小号按钮</button>
11    <button type="button" class="btn btn-default btn-sm">小号按钮</button>
12  </p>
13  <p>
14    <button type="button" class="btn btn-primary btn-xs">更小的按钮</button>
15    <button type="button" class="btn btn-default btn-xs">更小的按钮</button>
16  </p>
```

7.4.3 块级按钮

<button>或者<a>标签默认都是内联元素，而对于移动端的设计来说，一个占据一整行的大按钮是再正常不过了，如图7.20所示，这种情况可以对按钮使用.btn-block类。

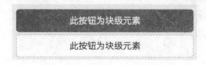

图7.20 占据一整行的大按钮

图7.20对应的代码如下：

```
<button type="button" class="btn btn-primary btn-lg btn-block">此按钮为块级
```

117

元素</button>
    <button type="button" class="btn btn-default btn-lg btn-block">此按钮为块级元素</button>
```

### 7.4.4 为按钮设置不可点击样式

Bootstrap通过将按钮的背景色做50%的褪色处理以呈现出无法点击的效果，如图7.21所示。

图7.21 无法点击的按钮效果

实现方法很简单，只需要为按钮添加disabled属性，代码如下：

```
<button type="button" class="btn btn-lg btn-primary" disabled="disabled">主要按钮</button>
    <button type="button" class="btn btn-default btn-lg" disabled="disabled">按钮</button>
```

对于装饰成按钮样式的<a>标签，则需要添加.disabled类，例如：

```
<a href="#" class="btn btn-primary btn-lg disabled" role="button">主要链接</a>
    <a href="#" class="btn btn-default btn-lg disabled" role="button">链接</a>
```

> **注意** <a>标签添加了.disabled类后只是样式发生变化，点击后仍然是可以正常工作的，一般情况下可以使用JavaScript来进行<a>标签的禁用。

7.5 图片

页面中的图片可以增加内容的美观和易读性，大部分页面都会包含图片来辅助文字，因此Bootstrap的图片类也不可或缺。

7.5.1 图片类

Bootstrap的图片类包含了对最常用的圆角、圆形、简洁边框这3种最常用的图片形状的修正，常用于头像的处理；如图7.22所示。
```

图7.22 3种最常用的图片形状

【示例7-9】

图7.22对应的代码如下：

```
<img src="app.jpg" class="img-rounded" />           <!--img-rounded类用于构建带有圆角的图片-->
<img src="app.jpg " class="img-circle"/>            <!--img-circle类用于构建圆形的图片-->
<img src="app.jpg " class="img-thumbnail"/>         <!--img-thumbnail类为图片添加简洁的边框-->
```

7.5.2 响应式图片

通过添加.img-responsive类可以让Bootstrap 3中的图片对响应式布局的支持更友好。其实质是为图片赋予**max-width: 100%;** 和**height: auto;**属性，可以让图片按比例缩放不超过其父元素的尺寸，使用代码如下：

```
<img src="naicha.png" class="img-responsive" alt="Responsive image">
```

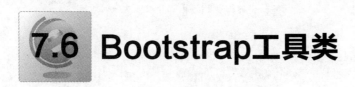

7.6 Bootstrap工具类

除了前面介绍的我们经常见的字体、表格、表单、按钮和图片外，Bootstrap还提供了一些工具类，如在小设备中隐藏部分内容的方法。本节就来介绍这些工具类。

7.6.1 响应式工具

响应式设计中一种常见的做法就是在小屏幕设备中隐藏或收起一些内容，以保证最主要内容的展现。比起在CSS中不同的媒介查询用手写display:none，Bootstrap提供了针对响应式布局的辅助类来控制元素在不同尺寸屏幕下的显示/隐藏,详情见表7.2。

表7.2 Bootstrap 3中的响应式工具

class	超小屏幕手机 (<768px)	小屏幕平板 (≥768px)	中等屏幕桌面 (≥992px)	大屏幕桌面 (≥1200px)
.visible-xs	可见	隐藏	隐藏	隐藏
.visible-sm	隐藏	可见	隐藏	隐藏
.visible-md	隐藏	隐藏	可见	隐藏
.visible-lg	隐藏	隐藏	隐藏	可见
.hidden-xs	隐藏	可见	可见	可见
.hidden-sm	可见	隐藏	可见	可见
.hidden-md	可见	可见	隐藏	可见
.hidden-lg	可见	可见	可见	隐藏

和响应式class一样,使用表7.3所列的class可以针对打印机隐藏或显示某些内容。

表7.3 针对打印机隐藏或显示

class	浏览器	打印机
.visible-print	隐藏	可见
.hidden-print	可见	隐藏

例如,有一个工具栏,在电脑上浏览时展开显示,在移动设备上浏览器时则收起变成一个按钮,在Bootstrap 3下就可以这样写:

```
<div class="toobar hidden-xs hidden-sm">
    .......<!-- 工具栏内容在小窗口及超小窗口下不显示-->
</div>

<button class="toobar-button visible-md visible-lg "></button>
      <!-- 工具栏按钮只在中等窗口和大窗口下显示-->
```

7.6.2 工具类

工具类主要提供一些常用的效果,直接在HTML元素中添加类显然在开发效率上比去CSS文件中添加属性要高得多。Bootstrap提供了以下工具类:

- 关闭按钮:对按钮元素应用.close类就可以显示一个关闭按钮,如图7.23右上角。

```
<button type="button" class="close" aria-hidden="true">&times;</button>
```

第7章 Bootstrap的样式设计

图7.23 右上角的关闭按钮

- 下拉按钮：对<span>元素应用caret类就可以显示一个下拉符号，如图7.24所示。

```
<span class="caret"></span>
```

图7.24 下拉符号

- 左浮动、右浮动：为元素添加.pull-left、.pull-right类就可以设置左浮动/右浮动。

```
<div class="pull-left">...</div>
<div class="pull-right">...</div>
```

内部的实现方法如下：

```
.pull-left { float: left !important; }
.pull-right { float: right !important; }
```

用!important实现强制覆盖原样式。

注意 如果是用于对齐导航条上的组件，请务必使用.navbar-left或.navbar-right。

- 清除浮动：使用.clearfix类清除任意页面元素的浮动，例如：

```
<div class="clearfix">...</div>
```

- 显示/隐藏：使用.show类显示，.hidden类隐藏，例如：

```
<div class="show">...</div>     <!--显示-->
<div class="hidden">...</div>   <!--隐藏-->
```

- 内容区域居中：使用.center-block类将元素设为块级元素并居中，例如：

```
<div class="center-block">...</div>
```

- 对除了屏幕阅读器的设备隐藏：使用.sr-only类，例如：

```
<a class="sr-only" href="#content">Skip to main content</a>
```

注意 屏幕阅读器是一种为阅读障碍人群开发的设备，可以识别页面元素并发声阅读。

.sr-only类最常见的应用场景是针对表单中的<label>元素，<label>对于一般设备来说只是

121

起一个提示作用，但是对于屏幕阅读器来说，只有带有<lable>标签的表单才会被识别，如果既需要被屏幕阅读器识别，而又要在其他设备上隐藏<lable>标签，就要对<lable>应用.sr-only类。

7.7 实战：Bootstrap响应式页面V2.0

上一章我们实现了一个简单的响应式页面，只有文字内容，根据本章的所学，我们为内容增加标题和副标题，然后给内容配上图片，本例的效果如图7.25所示，读者可以先自己测试下。

图7.25 Bootstrap响应式页面V2.0

Bootstrap响应式页面V2.0：

```
01  <html>
02
03  <head>
04      <script src="http://libs.baidu.com/jquery/1.9.0/jquery.js"></script>
05      <script src="http://cdn.bootcss.com/twitter-bootstrap/3.0.2/js/bootstrap.js"></script>
06      <link href="http://cdn.bootcss.com/twitter-bootstrap/3.0.2/css/bootstrap.css" rel="stylesheet">
07  </head>         <!-- 引入Bootstrap 3-->
08  <body style="margin:20px">
09      <div class="container">
```

```
10      <div class="row">
11        <div class="col-xs-12 col-sm-3 col-md-5 col-lg-4">
12          <h1>体育新闻 <small>足坛快讯实时热播</small></h1>
13          <h1>娱乐新闻 <small>八卦美图最新速递</small></h1>
14          <h1>经济新闻 <small>全球热钱流向何方</small></h1>
15        </div>
16        <div class="col-xs-12 col-sm-9 col-md-7 col-lg-8">
17          <p class="lead">大雷在比赛中多次做出精彩扑救,但布迪亚夫在第22分钟为卡塔尔打入制胜球,于大宝、于汉超所形成的威胁攻门未能为中国队取得入球。</p>
18        </div>
19        <img src="dabao.jpg" class="img-circle"/>
20      </div>
21    </div>
22  </body>
23
24 </html>
```

7.8 小结

本章介绍了Bootstrap一些封装好的样式,这些样式包含页面中常见的标题、表格、表单、按钮、链接、图片等等,只要熟悉了Bootstrap的样式模式,相信读者能很快学会本章的内容。响应式设计和普通的页面设计会有一点区别,有些需要添加一个类,有些又是Bootstrap 3默认就是响应式的,具体某个元素是否具备响应式的特征,读者还需要在实践中多多摸索。

第8章 Bootstrap的组件设计

前面讲解了Bootstrap的基本样式以及内置的一些class，它们的用法基本上是一致的，只需要为页面元素添加相应的class，就可以轻松地为元素设置一个美观的样式。对于一些较为常用的功能模块，Bootstrap也进行了相应的封装，在用法上则不仅仅是添加class那么简单了，需要编写遵循Bootstrap约定的结构。

本章主要内容包括：

- 了解Bootstrap约定的结构
- 学习各种组件的使用方法
- 掌握常见页面的一些导航设计形式

 8.1 下拉菜单

不同于表单中的select标签，下拉菜单中的选择一般对应网页中的链接或者Ajax模块，完整的下拉菜单功能由触发下拉按钮和下拉列表两部分组成，如图8.1所示。

图8.1 下拉菜单

【示例8-1】

```
01 <div class="dropdown">
02     <button class="btn btn-primary dropdown-toggle" type="button"
```

```
03        id="dropdownMenu1" data-toggle="dropdown">下拉菜单
04        <span class="caret"></span>   <!-- 下拉按钮的向下箭头-->
05    </button>
06    <ul class="dropdown-menu" >
07        <li><a href="#">选项一</a></li>
08        <li><a href="#">选项二</a></li>
09        <li><a href="#">选项三</a></li>
10        <li class="divider"></li>
11        <li><a href="#">选项四</a></li>
12    </ul>
13 </div>
```

【代码解析】

分析这段代码的结构：

- 按钮和下拉选择都要包裹在<div class="dropdown">……</div>内
- 按钮必须添加data-toggle="dropdown"触发器
- 放置下拉选项的无序列表需要添加.dropdown-menu类
- 添加一个空的<li class="divider"></li>标签来分隔列表项

注意 官方网站给出的示例代码会添加很多role="……"的属性，这些不是必需的，但在实际应用中最好加上以提升可访问性。

8.2 按钮组

上一章我们学习了基本的按钮样式，按钮组的意思相信读者都明白，就是把一组按钮放在同一行里。按钮组的基本用法很简单，只需要将一组按钮放在<div class="btn-group">……</div>中即可，例如：

```
<div class="btn-group">
  <button type="button" class="btn btn-default">Left</button>
  <button type="button" class="btn btn-default">Middle</button>
  <button type="button" class="btn btn-default">Right</button>
</div>
```

效果如图8.2所示。

图8.2 按钮组

> 注意 当为按钮组中的元素应用工具提示或弹出框时，必须指定container: 'body'选项，这样可以避免不必要的副作用（例如工具提示或弹出框触发时，会让页面元素变宽或失去圆角）。

按钮组支持垂直排列、两端对齐、嵌套，本节将分别介绍它们。

8.2.1 垂直排列的按钮组

Bootstrap提供了.btn-group-vertical类让一组按钮垂直堆叠显示，而不是水平堆叠显示，语法如下：

```
<div class="btn-group-vertical"> ... </div>
```

【示例8-2】垂直排列的按钮组

```
01 <html>
02 <head>
03   <link href="../bootstrap/css/bootstrap.css" rel="stylesheet">
04 </head>
05 <body>
06 <div class="btn-group-vertical">
07   <button type="button" class="btn btn-default">首页新闻</button>
08   <button type="button" class="btn btn-default">最新经济政策</button>
09   <button type="button" class="btn btn-default">涨停黑马</button>
10 </div>
11 <script src="../bootstrap/js/jQuery.js"></script>
12 <script src="../bootstrap/js/bootstrap.js"></script>
13 </body>
14 </html>
```

本例效果如图8.3所示。

图8.3 垂直排列的按钮组

8.2.2 两端对齐的按钮组

页面为了美观，一般会比较讲究排版效果。如果一个页面只有三个按钮，考虑到全局，我们会让这三个按钮两端对齐，有点拉伸的意思，如图8.4所示，这就是两端对齐的按钮组。此处按钮组拉伸至100%宽度。

实现图8.4的代码如下，这里要注意有两个类：btn-group和btn-group-justified。

```
<div class="btn-group btn-group-justified">
```

```
    <a class="btn btn-default">首页新闻</a>
    <a class="btn btn-default">最新经济政策</a>
    ……
</div>
```

图8.4 两端对齐的按钮组

> 注意：两端对齐的用法只适用<a>元素，因为<button>元素不能应用这些样式并将其所包含的内容两端对齐。

8.2.3 嵌套按钮组

按钮组内不仅可以嵌套按钮，还可以嵌套按钮组，也可以嵌套下拉菜单。

【示例8-3】嵌套按钮组

```
01  <div class="btn-group">
02    <button type="button" class="btn btn-default">1</button>
03    <button type="button" class="btn btn-default">2</button>
04    <div class="btn-group">
05      <button type="button" class="btn btn-default dropdown-toggle" data-toggle="dropdown">
06        Dropdown
07        <span class="caret"></span>
08      </button>
09      <ul class="dropdown-menu">
10        <li><a href="#">Dropdown link</a></li>
11        <li><a href="#">Dropdown link</a></li>
12      </ul>
13    </div>
14  </div>
```

效果如图8.5所示，可以看到按钮组除了两个按钮外，还有一个下拉菜单，并包含两个下拉项。

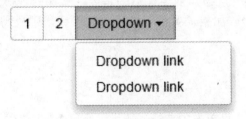

图8.5 嵌套后的按钮组

8.3 input控件组

input输入框经常会和其他元素配合使用,最常见的input控件组肯定非搜索框莫属了,Bootstrap的input控件组包含了多数常见的分组类型。

Bootstrap中控件组的共同点是都需要包裹在<div class="input-group">……</div>内部,下面将逐个解析控件组的各种不同组合。

8.3.1 最常见的搜索框

最常见的搜索框,就是按钮+input表单的组合。

【示例8-4】

```
01  <div class="input-group">
02    <input type="text" class="form-control">
03    <span class="input-group-btn">
04      <button class="btn btn-default" type="button">Search</button>
05    </span>
06  </div>
```

本例效果如图8.6所示。

图8.6 搜索框

其实质就是input表单+按钮,需要注意的是要在按钮外包裹一层<span class="input-group-btn">……</span>。如果需要带下拉菜单的按钮,则只需要将按钮换成下拉菜单即可。

8.3.2 带提示的搜索框

如果和input配合的不是可单击的按钮,还可以是用于说明的文字或图片。

【示例8-5】

```
<div class="input-group">
  <input type="text" class="form-control">
```

```
<span class="input-group-addon">输入完成后回车</span>
</div>
```

效果如图8.7所示,只需将提示文字放到<span class="input-group-addon">……</span>内即可。

图8.7 搜索框后不是按钮

8.4 导航

Bootstrap的导航主要分为胶囊式导航、面包屑导航、头部导航 3类,这可以满足大多数的开发需求。

8.4.1 胶囊式导航

胶囊式导航一般用于平级的选项列表,如图8.8所示。

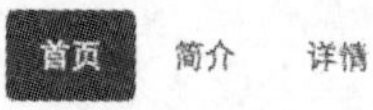

图8.8 横向的胶囊导航

胶囊导航实质是一个无序列表,只需要给ul元素添加.nav和.nav-pill类即可,例如:

```
<ul class="nav nav-pills">
  <li class="active"><a href="#">首页</a></li>  <!--active表示已选中的选项-->
  <li><a href="#">简介</a></li>
  <li><a href="#">详情</a></li>
</ul>
```

如果需要纵向的胶囊导航,只需要为ul元素追加.nav-stacked类即可。

```
<ul class="nav nav-pills nav-stacked">
  <li class="active"><a href="#">首页</a></li>  <!--active表示已选中的选项-->
  <li><a href="#">简介</a></li>
  <li><a href="#">详情</a></li>
</ul>
```

纵向的胶囊导航如图8.9所示。

图8.9 纵向的胶囊导航

8.4.2 面包屑导航

面包屑导航一般用于有层级关系的选项,例如图8.10。

图8.10 面包屑导航

面包屑导航同样采用了列表结构,这里需要为ul或ol元素添加.breadcrumb类来实现。

【示例8-6】

```
01  <ol class="breadcrumb">
02    <li><a href="#">首页</a></li>
03    <li><a href="#">资料库</a></li>
04    <li class="active">数据</li>
05  </ol>
```

8.4.3 头部导航

绝大多数网站首页的页头部分都会放置一个针对主要内容的导航,让用户可以快速了解网站的内容和结构。Bootstrap的头部导航如图8.11所示。

图8.11 头部导航

头部导航的基本结构如下:

```
<nav class="navbar navbar-default" >
  <div class="navbar-header">            <!--这里设置网站的标题-->
    <a class="navbar-brand" href="#">网站Logo</a>
  </div>
  <div class="collapse navbar-collapse" id="bs-example-navbar-collapse-1">
    <!--这里设置网站的链接、表单等其他元素-->
    <ul class="nav navbar-nav">
      <li class="active"><a href="#">链接</a></li>
      <li><a href="#">链接</a></li>
    </ul>
    <ul class="nav navbar-nav navbar-right">
```

```
            <li><a href="#">链接</a></li>
        </ul>
    </div>
</nav>
```

具体分析头部导航主要分为两层结构：

（1）第一层是最外面的<nav class="navbar navbar-default">……</nav>，这一层用于设置导航的基本样式，如果将.navbar-default类替换为.navbar-inverse类，则显示为反色的导航（黑底白字），如图8.12所示。

图8.12 反色的头部导航

（2）第二层有两个并列的元素：<div class="navbar-header">……</div>内部用于设置标题内容；<div class="collapse navbar-collapse">……</div>内部则用于编写具体的导航链接、搜索表单、下拉菜单等具体的导航内容。

Bootstrap 3提供了在小窗口下导航收起/展开的功能，如图8.13所示。

图8.13 头部导航小窗口下收起/展开

图8.13需要在<div class="navbar-header">中设置展开/收起的按钮。

【示例8-7】

```
01  <nav class="navbar navbar-inverse" role="navigation">
02      <div class="navbar-header">
03          <button class="navbar-toggle" data-toggle="collapse" data-target="#bs-example">
04              <span class="sr-only">Toggle navigation</span>
05              <span class="icon-bar"></span>
06              <span class="icon-bar"></span>
07              <span class="icon-bar"></span>
08          </button>
09          <a class="navbar-brand" href="#">网站Logo</a>
```

```
10      </div>
11
12      <!-- Collect the nav links, forms, and other content for toggling -->
13      <div class="collapse navbar-collapse" id="bs-example">
14        <ul class="nav navbar-nav">
15          <li class="active"><a href="#">链接</a></li>
16          <li><a href="#">链接</a></li>
17          <li class="dropdown">
18            <a href="#" class="dropdown-toggle" data-toggle="dropdown">下拉菜单</a>
19            <ul class="dropdown-menu">
20              <li><a href="#">Action</a></li>
21              <li><a href="#">Another action</a></li>
22              <li><a href="#">Something else here</a></li>
23              <li class="divider"></li>
24              <li><a href="#">Separated link</a></li>
25              <li class="divider"></li>
26              <li><a href="#">One more separated link</a></li>
27            </ul>
28          </li>
29        </ul>
30        <form class="navbar-form navbar-left" role="search">
31          <div class="form-group">
32            <input type="text" class="form-control" placeholder="Search">
33          </div>
34          <button type="submit" class="btn btn-default">搜索</button>
35        </form>
36        <ul class="nav navbar-nav navbar-right">
37          <li><a href="#">链接</a></li>
38          <li class="dropdown">
39            <a href="#" class="dropdown-toggle" data-toggle="dropdown">下拉菜单 </a>
40            <ul class="dropdown-menu">
41              <li><a href="#">Action</a></li>
42              <li><a href="#">Another action</a></li>
43              <li><a href="#">Something else here</a></li>
44              <li class="divider"></li>
45              <li><a href="#">Separated link</a></li>
46            </ul>
47          </li>
48        </ul>
49      </div>
50    </nav>
```

添加.navbar-fixed-top可以让导航条固定在顶部，不会随页面滚动而消失。为了防止固定在顶部后遮挡正常内容，需要设置：body { padding-top: 70px; }，其中具体的值取决于导航条的高度。

> 注意 这个响应式的导航依赖Bootstrap的collapse（折叠）插件。为导航条加上role="navigation"可以提高访问的兼容性。

第8章 Bootstrap的组件设计

8.5 列表组

列表组不仅仅是对列表项进行美化，还可以支持任意内容的列表化展示，图8.14是未经修饰的无序列表和应用了列表组的列表的对比。

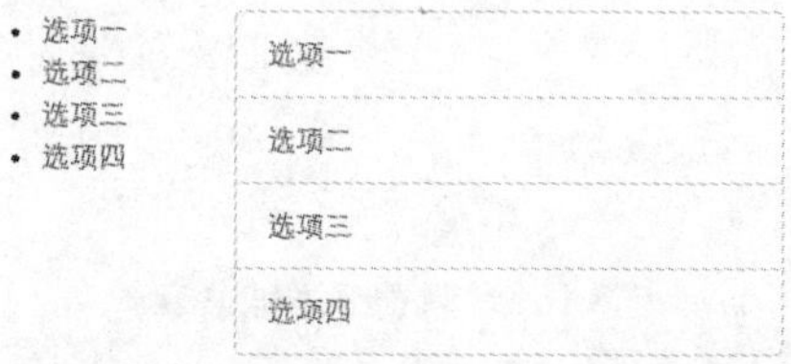

图8.14 未经修饰的无序列表和列表组

对于列表来说，列表组结构如下：

```
<ul class="list-group" >
   <li class="list-group-item"><a href="#">选项一</a></li>
   <li class="list-group-item"><a href="#">选项二</a></li>
   <li class="list-group-item"><a href="#">选项三</a></li>
   <li class="list-group-item"><a href="#">选项四</a></li>
</ul>
```

需要为ul或ol元素添加.list-group类，同时需要为列表项添加.list-group-item类。

注意 在列表组中使用有序列表时不会显示序号。

列表组不仅可以应用于列表，还可以将其他需要列表的元素展现为列表的样子，如图8.15所示。

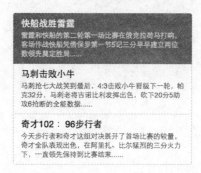

图8.15 非列表但是展现为列表的样子

图8.15的代码如下：

```
<div class="list-group">
```

133

```
    <a href="#" class="list-group-item active">
      <h4 class="list-group-item-heading">快船战胜雷霆</h4>
      <p class="list-group-item-text">...</p>
    </a>
    ……
  </div>
```

为列表组添加徽章也十分容易，Bootstrap会自动将徽章放置在右边，如图8.16所示。

中国队金牌　52
美国队金牌　48
俄罗斯队金牌　41

图8.16　为列表组添加徽章

为列表组添加徽章的代码：

```
<ul class="list-group">
  <li class="list-group-item">
    <span class="badge">52</span>    <!--即使将徽章放在前面，最终还是会居右放置-->
    中国队金牌
  </li>
</ul>
```

8.6　分页

几乎所有的列表页面都需要分页，Bootstrap提供了一个较为美观的分页样式，如图8.17所示。

图8.17　分页

8.6.1　普通的分页

要实现图8.17的效果，代码还是比较简单的，只需给无序列表的ul元素添加pagination类即可，例如：

```
<ul class="pagination">
```

```
    <li class= "disabled"><a href="#">&laquo;</a></li>    <!-- disabled类表示不
可点击项-->
    <li class="active"><a href="#">1</a></li>          <!-- active类表示已选择项-->
    <li><a href="#">2</a></li>
    <li><a href="#">3</a></li>
    <li><a href="#">4</a></li>
    <li><a href="#">5</a></li>
    <li><a href="#">&raquo;</a></li>
</ul>
```

可以通过添加.pagination-lg类或.pagination-sm类来获得比标准尺寸更大或更小的分页，例如：

```
<ul class="pagination pagination-lg">...</ul>
<ul class="pagination">...</ul>
<ul class="pagination pagination-sm">...</ul>
```

效果可见图8.18。

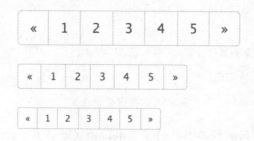

图8.18 不同大小的分页栏

8.6.2 上一页/下一页

如果仅仅想使用上一页/下一页的功能怎么办？Bootstrap也内置了该功能，为无序列表的ul添加.paper类即可，例如：

```
<ul class="pager">
    <li><a href="#">上一页</a></li>
    <li><a href="#">下一页</a></li>
</ul>
```

效果如图8.19所示。

图8.19 翻页效果

> 注意：翻页元素默认居中对齐，如果为列表元素添加.previous和.next类，可以将上一页/下一页按钮设置为两端对齐。

8.7 标签

标签一般用于对内容进行标记，常用在内容审核后台，如图8.20所示。

□	已通过	WINCE 6.0是否支持USB接口电容触摸屏 [硬件/嵌入开发 嵌入开发(WinCE)]	0	0	40	1	cdj1674 ▼
□	修改后待审核	maven导入第三方依赖问题 [Java Web 开发]	2	0	20	2	u010840652 ▼
□	管理员删除	鲅鱼圈女人阴道紧缩【俩人医院】[其他开发语言 汇编语言]	0	0	40	0	u013990189 ▼

图8.20 内容审核后台

Bootstrap内置了6种常用的标签类，分别为default（默认）、primary（主要）、success（成功）、info（消息）、warning（告警）、danger（危险操作）。它们分别对应不同的颜色，例如：

```
<span class="label label-default">Default</span>
<span class="label label-primary">Primary</span>
<span class="label label-success">Success</span>
<span class="label label-info">Info</span>
<span class="label label-warning">Warning</span>
<span class="label label-danger">Danger</span>
```

上面的代码效果如图8.21所示。

Default Primary Success Info Warning Danger

图8.21 6种标签类

除了标签之外，还有一种提示信息很常用，很多网站都有消息系统来提示用户有未读的新闻、私信等内容，Bootstrap中称之为badge（徽章），如图8.22所示。

第8章 Bootstrap的组件设计

图8.22 徽章

图8.22的代码如下：

```
<button class="btn btn-primary" type="button">
  未读信息
  <span class="badge">4</span>
</button>
```

badge的应用很简单，只需要给行内元素添加.badge类即可。

> 注意 当没有新的或未读的条目时，里面没有内容的徽章会消失（通过CSS的:empty选择器实现），在IE 9版本以下的IE浏览器徽章不会自动消失，因为不支持:empty选择器。

8.8 面板

很多时候需要将某些内容放到一个容器里，此时可以使用Bootstrap的面板组件，一个最简单的面板如图8.23所示。

基础面板示例

图8.23 面板基础样式

可以看到，面板的作用就是加上了容器的边框并设置了内容和容器间的边距，对应最简单面板样式的代码如下：

```
<div class="panel panel-default">
  <div class="panel-body">基础面板示例</div>
</div>
```

我们还可以为面板添加header和footer，如图8.24。

137

构建跨平台APP：响应式UI设计入门

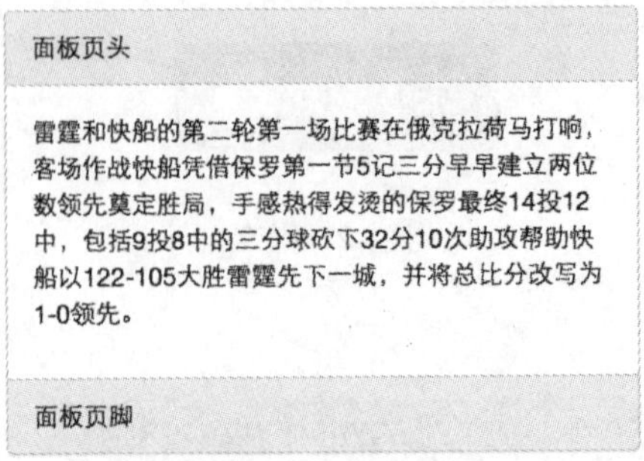

图8.24 添加了header和footer的面板

带有header和footor的面板代码如下：

```
<div class="panel panel-default">
  <div class="panel-heading">面板页头</div>
  <div class="panel-body">面板内容……</div>
  <div class="panel-footer">面板页脚</div>
</div>
```

面板代码的配色和之前介绍的标签是一致的，都是对应诸如success、warning、danger等状况的颜色，从代码中可以很容易地看出来：

```
<div class="panel panel-primary">...</div>
<div class="panel panel-success">...</div>
<div class="panel panel-info">...</div>
<div class="panel panel-warning">...</div>
<div class="panel panel-danger">...</div>
```

最终效果如图8.25所示。

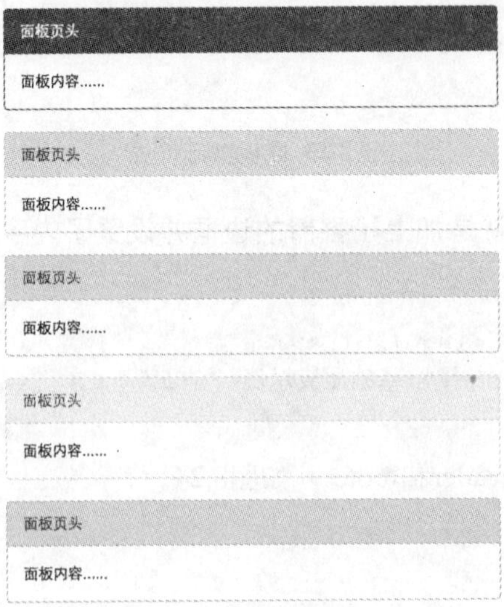

图8.25 不同配色的面板

第8章 Bootstrap的组件设计

8.9 进度条

进度条常用于文件的上传/下载、内容的加载等场景，Bootstrap提供了多种进度条样式供选择。

> 注意：Bootstrap以及其他前端组件只解决进度条的样式问题，追踪进度仍需依赖服务端程序。

Bootstrap中，一个标准的进度条如图8.26所示。

图8.26 标准的进度条

最简单的实现代码如下：

```
<div class="progress">
    <div class="progress-bar" role="progressbar" style="width: 60%;"></div>
</div>
```

为外层的div元素添加.progress类，为内层的div元素添加.progress-bar类，并控制内层div的宽度百分比，这样就得到一个基础的进度条了。

进度条的颜色既可以自己根据需要用自定义的颜色进行覆盖，也可以调用Bootstrap内置的类来覆盖，如图8.27所示。

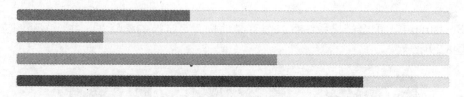

图8.27 控制进度条色彩

为内层的div元素添加.progress-bar-success就可以获得如图8.29中第一个进度条的颜色，其命名规律和Bootstrap的标签类是一致的。

【示例8-8】控制进度条色彩

```
<div class="progress">
  <div class="progress-bar progress-bar-success" style="width: 40%"></div>
</div>
<div class="progress">
  <div class="progress-bar progress-bar-info" style="width: 20%"></div>
</div>
<div class="progress">
  <div class="progress-bar progress-bar-warning" style="width: 60%"></div>
```

```
</div>
<div class="progress">
  <div class="progress-bar progress-bar-danger" style="width: 80%"></div>
</div>
```

我们还可以为进度条添加条纹效果,如图8.28所示。

图8.28 条纹效果的进度条

实现条纹效果需要为外层的div添加.progress-striped类,例如:

```
<div class="progress progress-striped">
  <div class="progress-bar progress-bar-info"style="width: 20%"></div>
</div>
```

注意 如果需要条纹带有运动效果,则为外层的div追加.active类。

8.10 缩略图

在Bootstrap中,配合栅格系统可以很容易地构建带链接的缩略图,并让缩略图支持响应式,如图8.29所示。

图8.29 缩略图

【示例8-9】缩略图代码如下:

```
<div class="row">
  <div class="col-xs-2">
    <a href="#" class="thumbnail">
```

```
            <img src="http://pic16.nipic.com/20110826/8064486_224449386194_2.jpg">
        </a>
    </div>
    <div class="col-xs-2">
        <a href="#" class="thumbnail">
            <img src="http://pic16.nipic.com/20110826/8064486_224449386194_2.jpg">
        </a>
    </div>
    <div class="col-xs-2">
        <a href="#" class="thumbnail">
            <img src="http://pic16.nipic.com/20110826/8064486_224449386194_2.jpg">
        </a>
    </div>
</div>
```

构建缩略图整体上还是依赖Bootstrap的栅格系统，通过栅格系统来控制缩略图占据的宽度比例，保证缩略图集的响应式。这里需要给图片链接加上.thumbnail类添加边框样式并调节图片间距。

如果将上例中的<a href="#" class="thumbnail">标签改为<div class="thumbnail">，就可以在图片下方追加内容，如图8.30所示。

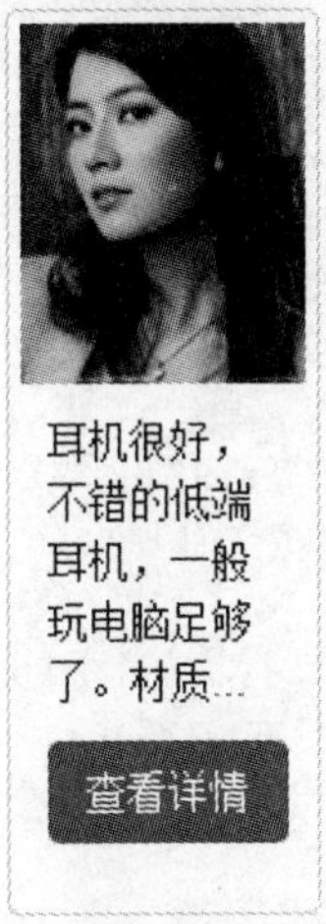

图8.30 为缩略图追加内容

图8.32的代码如下：

```
<div class="row">
    <div class="col-xs-2">
        <div class="thumbnail">
            <img src="http://pic16.nipic.com/20110826/8064486_224449386194_2.jpg">
            <div class="caption">
                <p>耳机很好，不错的低端耳机，一般玩电脑足够了。材质...</p>
```

```
            <p><a href="#" class="btn btn-primary" role="button">查看详情</a></p>
        </div>
      </div>
   </div>
   ……
</div>
```

8.11 实战：Bootstrap响应式页面V3.0

前面两章的案例我们都是普通的文字和图片，根据本章的所学，我们将前面的响应式页面更新成一个带有胶囊式导航栏和缩略图的新闻页面，如图8.31所示。

响应式页面V3.0：

```
01  <html>
02
03  <head>
04      <script src="http://libs.baidu.com/jquery/1.9.0/jquery.js"></script>
05      <script src="http://cdn.bootcss.com/twitter-bootstrap/3.0.2/js/bootstrap.js"></script>
06      <link href="http://cdn.bootcss.com/twitter-bootstrap/3.0.2/css/bootstrap.css" rel="stylesheet">
07  </head>               <!-- 引入Bootstrap 3-->
08  <body style="margin:20px">
09  <ul class="nav nav-pills">
10      <li class="active"><a href="#">体育新闻</a></li>
11      <li><a href="#">娱乐新闻</a></li>
12      <li><a href="#">经济新闻</a></li>
13  </ul>
14  <div class="col-xs-2">
15     <div class="thumbnail">
16        <img src="dabao.jpg">
17        <div class="caption">
18           <p>于大宝、于汉超所形成的威胁攻门未能为中国队取得入球。...</p>
19           <p><a href="#" class="btn btn-primary" role="button">点击进入</a></p>
20        </div>
21     </div>
22  </body>
23
24  </html>
```

第8章 Bootstrap的组件设计

图8.31 响应式页面V3.0

8.12 小结

组件就像是页面中的某一部分，我们可以将页面拆分成若干个部分来进行设计，比如导航部分、按钮部分、面板部分等等。本章主要就是介绍**Bootstrap**提供的一些常用组件，不仅仅介绍了这些组件的使用方法和技巧，还通过一个个小的例子演示了它们的具体应用。

第9章 Bootstrap的特效设计

Bootstrap的流行很大程度上得益于它大大降低了页面开发的学习成本,很多时候,JavaScript效果是一些非专业人士或美工出身的站长最头疼的问题,从零开始学习一门真正的编程语言,到能够在实战中实现足够好的效果,这个时间和学习成本是相当高的。而Bootstrap实现了从UI到JavaScript代码的一体化,只要在HTML代码中加入框架约定的触发器,就可以实现大多数的效果。即使有官方没有提供的效果,开源社区的开发者也往往能提供现成的解决方案。

本章主要内容包括:

- 认识模态对话框
- 了解什么是动态效果
- 学会Bootstrap中各种特效

9.1 模态对话框

如果想让用户在当前页面完成某种稍显复杂的操作,譬如登录、注册,或者是阅读一段用户说明,模态对话框(如图9.1)是一个不错的选择。用户在操作或阅读完毕后可以很方便地返回原页面,免去了页面跳转带来的等待。

图9.1 模态对话框

第9章 Bootstrap的特效设计

【示例9-1】

```
01 <button class="btn btn-primary btn-lg" data-toggle="modal" data-target="#myModal">
02     点击触发模态对话框
03 </button>
04
05 <div class="modal fade" id="myModal" tabindex="-1" role="dialog" aria-hidden="true">
06     <div class="modal-dialog">
07         <div class="modal-content">
08             <div class="modal-header">
09                 <button type="button" class="close" data-dismiss="modal">&times;</button>
10                 <h4 class="modal-title" id="myModalLabel">对话框标题</h4>
11             </div>
12             <div class="modal-body">模态对话框示例</div>
13             <div class="modal-footer">
14                 <button type="button" class="btn btn-default" data-dismiss="modal">Close</button>
15                 <button type="button" class="btn btn-primary">Save changes</button>
16             </div>
17         </div>
18     </div>
19 </div>
```

【代码解析】

根据代码分析，完整的模态对话框功能主要分为两个部分：触发按钮和对话框。

触发按钮可以是一个button，也可以是一个链接，只需要加入两个元素：

- data-toggle="modal"触发器
- data-target="#myModal"，用于和相应的对话框id进行对应

对话框部分主要分3层：

- 第一层：<div class="modal" id="myModal">……</div>，这一层使用class="modal fade"设置样式并设置模态对话框的触发类，提供id和触发按钮的data-target属性的值进行对应，还可以添加其他的配置属性。
- 第二层：<div class="modal-dialog">……</div>，设置一个居中的对话框。
- 第三层：<div class="modal-content">……</div>，设置具体的内容。

注意　不要在一个模态框上重叠另一个模态框。

开发中，选项参数可以通过data属性或JavaScript进行传递。对于data属性，需要将选项名称放到data-之后，例如data-backdrop=""，具体的参数可以参考官方文档。

9.2 标签页切换

如果有多个分类的内容，又不想全部直接展现在页面上，使用标签页进行切换是一个不错的选择，如图9.2所示。

图9.2 标签页切换

【示例9-2】

```
01  <ul class="nav nav-tabs">
02    <li class="active"><a href="#home" data-toggle="tab">首页</a></li>
03    <li><a href="#profile" data-toggle="tab">最新</a></li>
04    <li><a href="#messages" data-toggle="tab">热门</a></li>
05    <li><a href="#settings" data-toggle="tab">排行</a></li>
06  </ul>
07
08  <!-- Tab panes -->
09  <div class="tab-content">
10    <div class="tab-pane active" id="home">
11      <p>内容省略…</p>
12    </div>
13    <div class="tab-pane" id="profile">
14      <p>内容省略…</p>
15    </div>
16    <div class="tab-pane" id="messages">热门</div>
17    <div class="tab-pane" id="settings">排行</div>
18  </div>
```

【代码解析】

标签页切换由两部分组成：标签页部分和与标签页对应的内容部分。

标签页部分本质是一个列表，为列表的ul/ol属性添加.nav和.nav-tabs类，使其展现为标签页的样式，列表项中的<a>链接需要加上data-toggle="tab"这个触发器，并且href的值要和对应内容部分的id进行对应。

内容部分需要包裹在<div class="tab-content">……</div>内部，保证除了应该显示的内容外，其他是隐藏的。内容的各个单项需要包裹在<div class="tab-pane">……</div>内部，并且要为<div class="tab-pane">标签设置一个id，用于与标签页的href属性的值对应。

9.3 Tootip

Tooltip插件的效果是鼠标悬停在目标元素上时，显示额外的提示，如图9.3所示。

图9.3 鼠标悬停时的提示

示例代码如下：

```
<a href="#" data-toggle="tooltip" data-placement="right" title="Tooltip on right" class="btn btn-primary">工具提示</a>
```

其中**data-toggle**="tooltip"是插件触发器，**title**的内容是提示文字，**data-placement**属性用于指定提示出现的位置。

要使该插件生效，需要在页面底部添加JavaScript代码完成初始化：

```
$(element).tooltip();
```

开发者可以为tooltip()函数添加参数，或者在标签内添加"data-参数名"进行配置，比如上面例子中的data-placement="right"。

9.4 弹出框

Tooltip采用的是hover进行触发，多用于简单的提示；弹出框则通过点击触发，一般用于显示更多的内容，如图9.4所示。

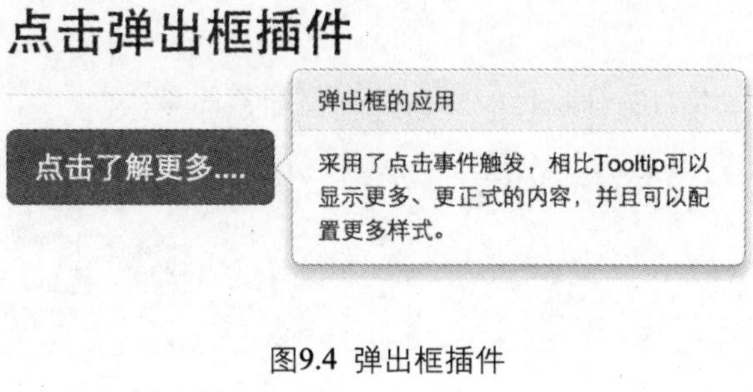

图9.4 弹出框插件

应用弹出框插件的代码结构和Tooltip差不多，比如图9.4的实现代码如下：

```
<a href="javascript:void(0);" class="btn btn-lg btn-danger" data-toggle="popover" data-content="采用了点击事件触发，相比Tooltip可以显示更多、更正式的内容，并且可以配置更多样式。" data-original-title="弹出框的应用">点击了解更多….</a>
```

需要添加data-toggle="popover"触发器进行触发，主要有两个配置项：data-content配置弹出框内容，data-original-title配置弹出框的标题。

弹出框对Tooltip存在依赖，因此插件中必须包含有Tooltip。和Tooltip一样，也需要添加初始化JavaScript代码：

```
$( element ).popover(options)
```

和Tooltip一样，可以为popover()函数添加参数，或者在标签内添加"data-参数名"进行配置，比如上面Tooltip例子中的data-placement="right"。

9.5 折叠

折叠用于内容的展开/收起，其功能同标签页类似，两者展开方向是一样的，都是向下展开内容，但是标签页的标题项是左右排列，而折叠（俗称手风琴效果）的标题项是上下排列的。而且折叠还可以同时展开多个项目的内容，而标签页只能同时展开一个。折叠效果如图9.5所示。

图9.5 折叠

如果只是构建单个元素的展开收起，那么结构将非常简单：

```
<button class="btn btn-default" data-toggle="collapse" data-target="#demo">
    折叠标题
</button>
<div id="demo" class="collapse in">折叠内容</div>
```

只需要为标题容器添加data-toggle="collapse"触发器并将data-target的值和折叠内容容

器的id进行对应即可。

如果要构造如图9.9那样的折叠组，代码如下：

```
<div class="panel-group" id="accordion">
  <div class="panel panel-default">
    <div class="panel-heading">
      <h4 class="panel-title">
        <a data-toggle="collapse" data-parent="#accordion" href="#collapseOne">
          折叠的标题部分
        </a>
      </h4>
    </div>
    <div id="collapseOne" class="panel-collapse collapse in">
      <div class="panel-body">
        折叠的内容部分
      </div>
    </div>
  </div>
  ......
<div>
```

折叠插件首先需要构建一个折叠组<div class="panel-group">……</div>，所有的内容都要放在这个组里。

组里的每一个项目实质上是一个面板，面板的结构我们在前面介绍过。不同点在于panel-body（面板的内容）要包裹在<div id="collapseOne" class="panel-collapse collapse in">……</div>内部。panel-heading（面板的标题部分）中要将标题文字放在链接<a data-toggle="collapse" data-parent="#accordion" href="#collapseOne">……<a>内部。该链接必须要有data-toggle="collapse"这个触发器，data-parent="#accordion"用于和折叠组的id进行对应，href="#collapseOne"用于和面板内容外层div元素的id对应。

9.6 幻灯片

Bootstrap集成了一个幻灯片组件，可以完成图片或内容的切换和自动播放，如图9.6所示。

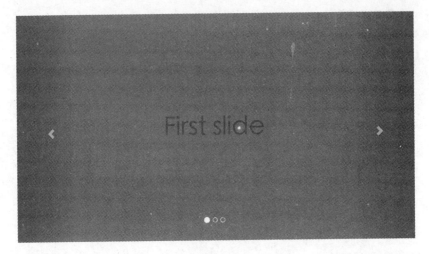

图9.6 幻灯片

图片幻灯片的页面结构由3部分组成：控制器、内容部分、标示符。控制器负责控制幻灯的翻页，标示符告诉我们页码，内容部分负责展现内容。

【示例9-3】

```
01  <div id="carousel-example-generic" class="carousel slide" data-ride="carousel">
02      <!--标示符 -->
03      <ol class="carousel-indicators">
04          <li data-target="#carousel-example-generic" data-slide-to="0" class="active"></li>
05          <li data-target="#carousel-example-generic" data-slide-to="1"></li>
06          <li data-target="#carousel-example-generic" data-slide-to="2"></li>
07      </ol>
08
09      <!--包裹幻灯内容 -->
10      <div class="carousel-inner">
11        <div class="item active">
12          <img src="love.jpg" alt="love">
13          <div class="carousel-caption">
14            ...
15          </div>
16        </div>
17        ...
18      </div>
19
20      <!-- 控制器-->
21      <a class="left carousel-control" href="#carousel-example-generic" data-slide="prev">
22        <span class="glyphicon glyphicon-chevron-left"></span>
23      </a>
24      <a class="right carousel-control" href="#carousel-example-generic" data-slide="next">
```

```
25        <span class="glyphicon glyphicon-chevron-right"></span>
26      </a>
27    </div>
```

【代码解析】

首先，所有内容都需要包裹在<div class="carousel slide">……</div>内部，如果需要开启轮播，则需要加入data-ride="carousel"触发器。

标示符部分是一个列表，需要为ol/ul项添加.carousel-indicators类。

内容部分需要整体包裹在<div class="carousel-inner">……</div>内部，每一页的内容则需要包裹在<div class="item">……</div>内部。

控制器部分实际就是一个<a>链接，需要为这个链接加上.carousel-control类，并添加一个.left或.right类指明向前翻页还是向后翻页。翻页的图标可以使用Bootstrap内置的图标：

```
<span class="glyphicon glyphicon-chevron-left"></span>
<span class="glyphicon glyphicon-chevron-right"></span>
```

也可以自定义图标的样式。

> 注意 Bootstrap的幻灯插件是基于CSS 3实现的动画效果，但是IE 9及IE 9以下的浏览器不支持这些必要的CSS属性，因此在IE下会丢失过渡动画效果。

和其他插件的参数配置一样，可以通过data属性或JavaScript传递选项参数。对于data属性，将选项名称放到data-之后，例如data-interval=" "。

9.7 实战：Bootstrap响应式页面V4.0

前面的页面都只是展现内容，没有特效设计，但Bootstrap流行的原因就是解放了很多我们以前需要自己手动写代码的地方，比如动态效果。本节将前面的内容用标签页实现，然后分别填写不同的内容，读者可以测试下，当单击不同的标签页时会发生什么？

响应式页面V4.0：

```
01  <html>
02    <head>
03      <script src="http://libs.baidu.com/jquery/1.9.0/jquery.js"></script>
04      <script src="http://cdn.bootcss.com/twitter-bootstrap/3.0.2/js/bootstrap.js"></script>
05      <link href="http://cdn.bootcss.com/twitter-bootstrap/3.0.2/css/bootstrap.css" rel="stylesheet">
06    </head>            <!-- 引入Bootstrap 3-->
07    <body style="margin:20px">
08
09      <ul class="nav nav-tabs">
```

```
10         <li class="active"><a href="#home" data-toggle="tab" data-toggle="tooltip" data-placement="right" title="更强">体育新闻</a></li>
11         <li><a href="#profile" data-toggle="tab" data-toggle="tooltip" data-placement="right" title="更娱乐">娱乐新闻 </a></li>
12         <li><a href="#messages" data-toggle="tab" data-toggle="tooltip" data-placement="right" title="更富有">经济新闻</a></li>
13      </ul>
14      <div class="tab-content">
15         <div class="tab-pane active" id="home">
16            <p>大雷在比赛中多次做出精彩扑救，但布迪亚夫在第22分钟为卡塔尔打入制胜球，于大宝、于汉超所形成的威胁攻门未能为中国队取得入球。</p>
17         </div>
18         <div class="tab-pane" id="profile">
19            <p>因为这对夫妻的婚结得很高调。从决定迎娶开始，陆续有细节源源不断流出，什么婚纱照、戒指、请柬、水牌……</p>
20         </div>
21         <div class="tab-pane" id="messages">
22            <p>统计显示，今年前三季度，北京住宅土地出让金平均溢价率40.62%；成交楼面均价16376.71元／平方米，与2014年成交楼面均价相比上涨11%。</p>
23         </div>
24      </div>
25 
26 <script>
27 $(element).tooltip();
28 </script>
29 
30 </body>
31 </html>
```

本例效果如图9.7所示。当我们鼠标放在标签页上时，首先会出现提示，单击标签页后，则会转换内容。

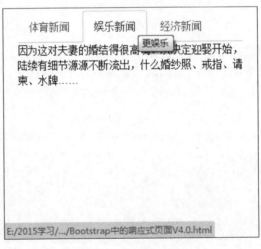

图9.7 响应式页面V4.0

# 9.8 小结

　　本章所说的特效实际上是页面的一些动态效果，也就是页面的一些动作。之前我们设计的页面，大部分都只是静止的设计，当我们单击按钮或图片时并不会产生任何效果，而本章的内容就是让它们产生效果。从用户角度来说，美观的页面会让人觉得赏心悦目，在页面驻足的时候也就更长，对增加转化率会有好处。

第10章 使用Bootstrap实现一个百度贴吧后台

后台管理系统是Bootstrap应用最为广泛的地方，很多项目虽然展示给用户的界面看不到一丝Bootstrap的影子，但是它们的后台都是由Bootstrap快速搭建的。本章将结合一个贴吧的后台管理系统页面，帮助读者在实际应用中快速搭建美观实用的前端界面。

本章主要知识点如下：

- 结合前面所学，实践Bootstrap框架
- 学习如何搭建后台管理系统
- 掌握前端页面设计的制作流程

10.1 确定后台管理的需求

开始一个项目，首先需要确定需求。贴吧后台管理包含很多方面，譬如帖子审核、用户封杀、管理员和版主设置、首页推荐、数据统计等，限于篇幅，这里选择最有典型性的帖子审核作为示例。

由于政策监管和水军攻击等原因，很多贴吧要么被广告帖、垃圾帖占领，要么由于大量发布敏感信息被网监部门勒令关停，因此对贴吧内容的审核是后台必不可少的功能。

那么可以方便地查看帖子内容并对帖子进行删除/通过/恢复操作，就是该页面的核心功能。此外，贴吧后台管理还有很多其他功能模块，还需要有清晰的链接结构，方便向其他模块跳转。

明确了需求以后，就可以开始进行页面布局的设计了。本系统基本的设计思路如图10.1所示，这里为了更好地说明，使用了整页完成后的截图。

由图10.1可以看出，这个页面包括3个主要模块：

- 首部导航栏：包括内容审核、贴吧管理、数据统计3个主要模块的链接，以及搜索、消息通知、管理员登录信息等通用功能。
- 左侧边栏：内容审核分类下的功能导航，包括主贴审核、回复审核、用户管理、审核日志等模块的导航链接。

- 主功能部分：查看帖子内容，并进行通过/删除/恢复操作。

图10.1 贴吧后台管理系统的设计思路

10.2 设计页面布局

页面的制作和画家作画异曲同工，都是由轮廓到细节，因此页面布局是先引入类库再进行设计。

10.2.1 引入Bootstrap 3框架

既然使用Bootstrap，就必须先引入。为了方便，这里使用Bootstrap中文网提供的CDN链接引入Bootstrap 3，使用百度CDN链接引入jQuery。一些需要自定义的CSS样式则放在main.css文件中。

引入后的代码如下：

```
01  <!DOCTYPE html>
02  <html>
03    <head>
04      <title>贴吧管理系统</title>
```

```
05          <script src="http://libs.baidu.com/jquery/1.9.0/jquery.js"></script>
06          <script src="http://cdn.bootcss.com/twitter-bootstrap/3.0.2/js/bootstrap.js"></script>
07          <link href="http://cdn.bootcss.com/twitter-bootstrap/3.0.2/css/bootstrap.css" rel="stylesheet">
08          <link href="main.css" rel="stylesheet">
09      </head>
10      <body>
11          …..
12      </body>
13  </html>
```

这里考虑到该系统可能在移动设备上使用,再加上Bootstrap 3默认采用响应式设计,因此需要在头部添加viewport 的meta标签。此外,为了防止在某些没有指定编码的浏览器下出现乱码,需要添加meta标签来指定charset=UTF-8。

添加后的代码如下:

```
01  <!DOCTYPE html>
02  <html>
03      <head>
04      <meta http-equiv="content-type" content="text/html; charset=UTF-8" />
05          <meta name="viewport" content="width=device-width, initial-scale=1.0" />
06      <title>贴吧管理系统</title>
07          <script src="http://libs.baidu.com/jquery/1.9.0/jquery.js"></script>
08          <script src="http://cdn.bootcss.com/twitter-bootstrap/3.0.2/js/bootstrap.js"></script>
09          <link href="http://cdn.bootcss.com/twitter-bootstrap/3.0.2/css/bootstrap.css" rel="stylesheet">
10          <link href="main.css" rel="stylesheet">
11      </head>
12      <body>
13          …..
14      </body>
15  </html>
```

10.2.2 实现页面布局代码

编写布局代码,页头采用nav标签,主内容则包裹在Bootstrap默认的container容器内部。在container内部,分为左侧边栏和右侧的主功能部分,这里笔者采用的比例是1:5,即12列栅格中,左侧占两列,右侧占10列。而在小屏幕设备下,则采用堆叠放置。

代码如下:

```
01  <!DOCTYPE html>
02  <html>
03      <head>
04      <meta http-equiv="content-type" content="text/html; charset=UTF-8"
```

```
  />
  05          <meta name="viewport" content="width=device-width, initial-scale=1.0" />
  06          <title>贴吧管理系统</title>
  07          <script src="http://libs.baidu.com/jquery/1.9.0/jquery.js"></script>
  08          <script src="http://cdn.bootcss.com/twitter-bootstrap/3.0.2/js/bootstrap.js"></script>
  09          <link href="http://cdn.bootcss.com/twitter-bootstrap/3.0.2/css/bootstrap.css" rel="stylesheet">
  10          <link href="main.css" rel="stylesheet">
  11      </head>
  12      <body>
  13          <!--页头-->
  14          <div class="header">
  15              <nav>
  16
  17              </nav>
  18          </div>
  19          <div class="container">
  20              <div class="row">
  21                  <!--左侧目录-->
  22                  <div class="col-xs-12 col-sm-2 col-md-2 col-lg-2">
  23                      ..............
  24                  </div>
  25                  <!--右侧主要内容-->
  26                  <div class="col-xs-12 col-sm-10 col-md-10 col-lg-10">
  27                      ..................
  28                  </div>
  29              </div>
  30          </div>
  31      </body>
  32  </html>
```

10.3 设计导航栏

在需求明确、设计和布局完成后,就可以进行细节的施工了,首先需要实现页面的头部导航功能。

本例中的头部导航主要包括标题、主要功能模块的链接、搜索框、通知、登录信息5个部分,主要采用Bootstrap中内置的头部导航组件来实现。

10.3.1 构建导航的整体架构

根据之前介绍过的Bootstrap头部导航可以进行如下设置:

```
01 <nav class="navbar navbar-default" role="navigation">
```

```
02      <div class="navbar-header">
03          <!--这里设置标题 -- >
04      </div>
05      <div class="collapse navbar-collapse" >
06          <ul class="nav navbar-nav">
07              <!--这里设置导航链接-- >
08          </ul>
09          <ul class="nav navbar-nav navbar-right">
10              <!--这里设置搜索、通知、登录信息-- >
11          </ul>
12      </div>
13  </nav>
```

10.3.2 设计标题和导航链接

标题的设置需要在<div class="navbar-header" >……</div>内添加标题链接，要为该链接添加.navbar-brand类。

导航链接只要在<ul class="nav navbar-nav" >……</ul>内添加列表项即可，用.active类表示当前所处的功能模块。

```
01  <nav class="navbar navbar-default" role="navigation">
02      <div class="navbar-header">
03          <a class="navbar-brand" href="#">贴吧管理系统</a>
04      </div>
05      <div class="collapse navbar-collapse" >
06          <ul class="nav navbar-nav">
07              <li class="active"><a href="#">内容审核</a></li>
08              <li><a href="#">贴吧管理</a></li>
09              <li><a href="#">数据统计</a></li>
10          </ul>
11          <ul class="nav navbar-nav navbar-right">
12              <!--这里设置搜索、通知、登录信息-- >
13          </ul>
14      </div>
15  </nav>
```

现在的样式如图10.2所示。

图10.2 头部导航

10.3.3 实现搜索框和通知系统

对于搜索框，需要为其外层的form元素添加.navbar-form和.navbar-left类，为了美观，这里没有添加显式的提交按钮，而将提交按钮设为了隐藏，通过回车键提交表单。

通知系统则使用了Bootstrap的徽章系统，在值为空时会自动隐藏。

```
01  <nav class="navbar navbar-default" role="navigation">
02    <div class="navbar-header">
03      <a class="navbar-brand" href="#">贴吧管理系统</a>
04    </div>
05    <div class="collapse navbar-collapse" >
06      <ul class="nav navbar-nav">
07        <li class="active"><a href="#">内容审核</a></li>
08        <li><a href="#">贴吧管理</a></li>
09        <li><a href="#">数据统计</a></li>
10      </ul>
11      <ul class="nav navbar-nav navbar-right">
12        <form class="navbar-form navbar-left" role="search">
13          <div class="form-group">
14            <input type="text" class="form-control" placeholder="搜索">
15          </div>
16          <button type="submit" class="btn btn-default hidden">Submit</button>
17        </form>
18        <li><a href="#">未读消息 <span class="badge">5</span></a></li>
19      </ul>
20    </div>
21  </nav>
```

这一步完成后导航的样式如图10.3所示。

图10.3 添加了搜索框的导航样式

10.3.4 实现管理员的登录信息

如果管理员未登录，这里应当显示登录的链接（对于后台管理，一般是不开放注册的）；如果管理员已经登录，这里应当显示管理员的用户名，并提供下拉菜单，菜单项涉及查看该管理员的操作日志，以及注销链接。

这里用到了Bootstrap内置的下拉菜单组件：

```
01  <nav class="navbar navbar-default" role="navigation">
02    <div class="navbar-header">
03      <a class="navbar-brand" href="#">贴吧管理系统</a>
04    </div>
05    <div class="collapse navbar-collapse" >
06      <ul class="nav navbar-nav">
07        <li class="active"><a href="#">内容审核</a></li>
08        <li><a href="#">贴吧管理</a></li>
09        <li><a href="#">数据统计</a></li>
10      </ul>
11      <ul class="nav navbar-nav navbar-right">
12        <form class="navbar-form navbar-left" role="search">
```

```
13            <div class="form-group">
14              <input type="text" class="form-control" placeholder="搜索">
15            </div>
16            <button type="submit" class="btn btn-default hidden">Submit</button>
17          </form>
18          <li><a href="#">未读消息 <span class="badge">5</span></a></li>
19          <li class="dropdown">
20              <a href="#" class="dropdown-toggle" data-toggle="dropdown">Admin_one
21              <b class="caret"></b>
22              </a>
23              <ul class="dropdown-menu">
24                <li><a href="#">我删除的条目</a></li>
25                <li><a href="#">我修改的条目</a></li>
26                <li><a href="#">我恢复的条目</a></li>
27                <li class="divider"></li>
28                <li><a href="#">注销</a></li>
29              </ul>
30          </li>
31        </ul>
32      </div>
33 </nav>
```

这一步完成后，一个完整的贴吧管理系统的头部导航的前端部分就基本完成了，如图10.4所示，其中消息的数量、表单提交后的处理、用户登录的判断则交由后台程序来处理。

图10.4 完整的头部导航

10.3.5 构建响应式导航

如果想让导航在小屏幕设备上实现展开和收起，还要进一步地设计：

在<div class="navbar-header">……</div>内添加一个指定样式的按钮，用于控制列表的展开和收起，需为该按钮添加data-toggle="collapse"触发器和data-target属性。

为<div class="collapse navbar-collapse">添加id属性，id的值要和data-taget属性的值对应，比如id="set"，那么data-target="#set"。

> 注意：按钮的样式可以自己控制，但是data-toggle="collapse"这个触发器和data-target属性都是必需的。

完整的代码如下：

```
01 <nav class="navbar navbar-default" role="navigation">
02   <div class="navbar-header">
03     <!-- 这里是按钮的样式代码-->
04     <button type="button" class="navbar-toggle" data-toggle="collapse" data-target="#set">
05       <span class="sr-only">Toggle navigation</span>
06       <span class="icon-bar"></span>
07       <span class="icon-bar"></span>
08       <span class="icon-bar"></span>
09     </button>
10     <a class="navbar-brand" href="#">贴吧管理系统</a>
11   </div>
12   <div class="collapse navbar-collapse" id="set">
13     <ul class="nav navbar-nav">
14       <li class="active"><a href="#">内容审核</a></li>
15       <li><a href="#">贴吧管理</a></li>
16       <li><a href="#">数据统计</a></li>
17     </ul>
18     <ul class="nav navbar-nav navbar-right">
19       <form class="navbar-form navbar-left" role="search">
20         <div class="form-group">
21           <input type="text" class="form-control" placeholder="搜索">
22         </div>
23         <button type="submit" class="btn btn-default hidden">Submit</button>
24       </form>
25       <li><a href="#">未读消息 <span class="badge">5</span></a></li>
26       <li class="dropdown">
27         <a href="#" class="dropdown-toggle" data-toggle="dropdown">Admin_one<b class="caret"></b></a>
28         <ul class="dropdown-menu">
29           <li><a href="#">我删除的条目</a></li>
30           <li><a href="#">我修改的条目</a></li>
31           <li><a href="#">我恢复的条目</a></li>
32           <li class="divider"></li>
33           <li><a href="#">注销</a></li>
34         </ul>
35       </li>
36     </ul>
37   </div>
38 </nav>
```

最后实现的效果如图10.5和图10.6所示。

图10.5 导航未展开时的样式

图10.6 展开后的导航样式

这样，一个功能完整并附带响应式的头部导航就完成了。

10.4 设计左侧边栏

导航完成后，根据从上到下、从左到右的顺序，现在开始实现左侧边栏的功能，左侧边栏主要是一个大的功能模块中的子模块列表，本质上就是一组链接，这里可以选择Bootstrap的胶囊导航，也可以选择列表组。

笔者选择使用列表组进行实现，代码如下：

```
01  <div class="container">
02      <div class="row">
03          <div class="col-xs-12 col-sm-2 col-md-2 col-lg-2">
04              <div class="list-group">
05                  <a href="#" class="list-group-item active">主贴审核</a>
06                  <a href="#" class="list-group-item">回复审核</a>
07                  <a href="#" class="list-group-item">用户管理</a>
08                  <a href="#" class="list-group-item">版主审核</a>
09                  <a href="#" class="list-group-item">主贴审核日志</a>
10                  <a href="#" class="list-group-item">回复审核日志</a>
11                  <a href="#" class="list-group-item">用户管理日志</a>
12              </div>
13          </div>
14          <div class="col-xs-12 col-sm-10 col-md-10 col-lg-10">
15              <!--右侧主要内容-->
16              ...............
```

```
17            </div>
18         </div>
19      </div>
```

完成后的效果如图10.7所示。

图10.7 左侧边栏部分

10.5 设计主功能部分

完成了头部导航和侧边栏的工作之后，就该进行主功能展示部分的开发了。一般来说，一个后台管理系统包括审核、管理、日志等多个模块，这里限于篇幅无法一一赘述，笔者选择主贴审核功能页面作为样例进行展开。

10.5.1 主功能的头部

按从上到下的原则，本小节先来制作主功能的头部。

（1）为了让页面区域的划分更为清晰，笔者将主功能部分包裹在一个面板中。基本框架如下：

```
01  <div class="col-xs-12 col-sm-10 col-md-10 col-lg-10">
02      <div class="panel panel-default">
03          <div class="panel-heading">
04              ...................
05              <!-- 这里放置标题、选项、分页-->
06          </div>
07          <div class="panel-body">
08              ....................
09              <!-- n这里帖子列表-->
10          </div>
```

```
11    </div>
12  </div>
```

根据功能的划分，笔者将标题、选项、分页等内容放在面板的头部，将帖子列表放在面板的内容部分。

（2）向面板头部填充预定的内容：

```
01 <div class="col-xs-12 col-sm-10 col-md-10 col-ig-10">
02   <div class="panel panel-default">
03     <div class="panel-heading">
04       <h4>主贴审核</h4>
05       <div class="form-group">
06         <span>全选 <input type="checkbox"/></span>
07         <button class="btn btn-success">通过</button>
08         <button class="btn btn-primary">恢复</button>
09         <button class="btn btn-danger">删除</button>
10         <ul class="pagination visible-md visible-lg visible-sm" id="page-right">
11           <li><a href="#">&laquo;</a></li>
12           <li class="active"><a href="#">1</a></li>
13           <li><a href="#">2</a></li>
14           <li><a href="#">3</a></li>
15           <li><a href="#">4</a></li>
16           <li><a href="#">5</a></li>
17           <li><a href="#">&raquo;</a></li>
18         </ul>
19       </div>
20     </div>
21     <div class="panel-body">
22       ....................
23       <!-- n这里帖子列表-->
24     </div>
25   </div>
26 </div>
```

首先是一个标题，表明该页的主要功能是"主贴审核"。

对于一个帖子，可以有4种状态：未审核、已通过、已删除、已恢复。一个新帖子默认为未审核状态。

首先选中一个或多个帖子，然后单击按钮进行标记，正常帖子标记为已通过，避免重复审核；散布垃圾或敏感信息的标记为删除，让其无法在页面显示并使其不能被搜索引擎索引；对于误删的帖子则可以恢复，并标记为已恢复。

这里笔者设置了通过、删除、恢复3个按钮来进行标记/删除/恢复操作。按钮通过Bootstrap内置的.btn-success、.btn-danger、.btn-primary类设置颜色。鉴于可能出现的大量垃圾信息刷屏，还可以设置一个全选按钮，以降低审核人员的工作量。

（3）分页信息也放在这里，将它们放在同一个<div class="form-group">……</div>中，使按钮和分页信息对齐呈一排。完成后效果如图10.8所示。

图10.8 面板头部效果

10.5.2 主功能的帖子列表

面板头部完成后，开始制作帖子列表部分，列表每一行需要显示帖子的审核状态、标题、创建时间、作者、详情等信息。显然这里使用表格是最合适的。

还有一个问题是有很多很长的帖子，让帖子的内容铺开在页面上显然不合适，这里需要用到Bootstrap的折叠插件，将帖子的详情折叠起来，审到哪一篇帖子时再展开审查。

根据这些需求，我们在面板内容部分加入如下代码：

```
01  <div class="panel-body">
02    <table class="table">
03      <tr>
04        <th></th>
05        <th>审核状态</th>
06        <th>标题</th>
07        <th>作者</th>
08        <th>创建时间</th>
09        <th>详情</th>
10      </tr>
11      <tr>
12        <td><input type="checkbox"/></td>
13        <td><span class="label label-default">未审核</span></td>
14        <td><a href="#">战士输出装备问题探讨</a></td>
15        <td><a href="#">庇护祝福</a></td>
16        <td>2015年12月18日 10:52</td>
17        <td>
18          <a class="detail-link" data-toggle="collapse" data-parent="#accordion" href="#collapse1">
19            <span class="glyphicon glyphicon-chevron-down"></span>
20          </a>
21        </td>
22      </tr>
23      <tr id="collapse1" class="collapse">
24        <td colspan="10">
25          在MOP之前，坦克们在保持仇恨和拉小怪的手段上都有多种选择，而在有效降低承受的伤害方面则没有太多的选择。幸运的是，这种情况已经改变。如果能够"正确使用技能"，我们可以有效地减少承受的伤害，就像DPS通过正确使用技能来增加伤害一样。而什么是"正确使用技能"呢？答案基本可以概括为频繁使用[盾牌猛击]、[复仇]来获得怒气，然后使用这些怒气来施放"[盾牌格挡]"以及[盾牌屏障]，从而降低你自己承受的伤害。此外，这个机制也让"命中"和"精准"变成了非常有价值的属性。
26        </td>
27      </tr>
```

```
28        ……
29      </table>
30  </div>
```

这样帖子列表部分就完成了，如图10.9和图10.10所示。

图10.9 列表第一项展开时的样式

图10.10 列表全部收起时的样式

至此，一个贴吧后台的主帖审核页面部分就完成了，完整的样式如图10.11所示。

第10章 使用Bootstrap实现一个百度贴吧后台

图10.11 完成后的主帖审核页面

虽然对于后台审核这样的工作来说，一般都是在计算机上完成的，但我们仍然做了一些响应式处理，在小屏幕下的效果如图10.12所示。一方面应用框架本身的特性，另一方面也方便审核人员处理突发的情况，毕竟国内对贴吧的监管是很严格的，敏感信息处理不及时很容易造成重大损失。

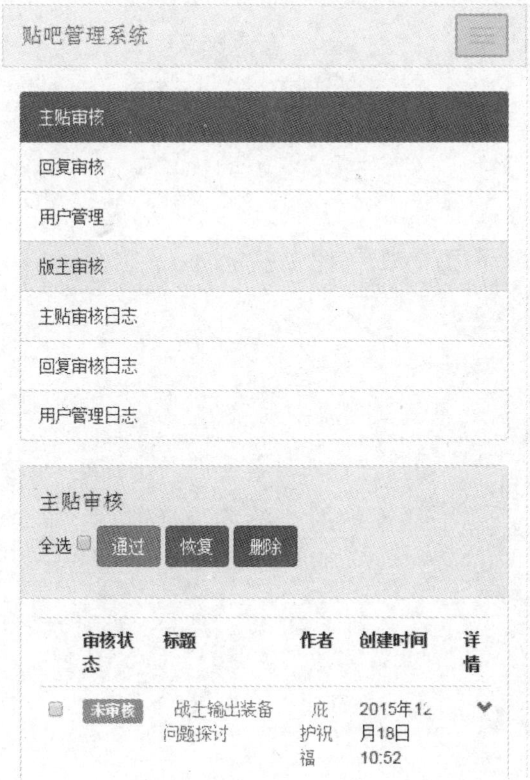

图10.12 小屏幕下的显示效果

10.6 小结

本章演示了如何从零开始应用Bootstrap 3框架完成一个贴吧后台管理页面构建的过程，包括头部导航、侧边栏、主体内容3大部分，应用到了Bootstrap中的按钮、标签、表格、表单等基础样式；列表组、面板、头部导航、分页、徽章等样式组件；以及头部响应式导航、折叠、下拉菜单等jQuery组件。

读者从该样例中可以发现，相比传统的手动编写CSS、JavaScript代码的项目，这个例子作者没有自己编写一行CSS和JavaScript代码，完全应用Bootstrap就搭建了一个相当美观的后台管理界面。对于像后台管理这类功能性强，个性化要求不高的项目来说此做法非常合适，可以把更多的精力放在业务逻辑而非细节的调整上。

当然由于有大量的皮肤支持，再加上可以较方便地定制，即使做一些需要个性化的页面，Bootstrap也可以胜任，只是需要做更多的工作罢了。

第11章 使用HTML 5设计扁平化的公司主页

通过前面几个章节的介绍，我们对响应式设计有了整体的认识。本章将介绍应用响应式设计的扁平化公司主页。

本章的主要内容是：

- HTML 5模板的使用
- 导航栏的设计
- 主功能部分的设计
- 底部边栏的设计

11.1 响应式设计的关键

响应式网页不像传统网页只需考虑一种状态，不是仅交付一套设计稿就万事大吉。响应式设计给设计、前端开发和后端开发团队之间的协作模式带来新的挑战。在一个复杂产品全面响应式的项目里，需要分别考虑每个阶段该产出什么、交互与视觉如何协作、前端何时介入等问题。

响应式设计之所以叫响应式"设计"而不叫响应式"技术"，是因为它是一项设计先行的工作。需要设计先明确好响应方式再实现出来，不能出一套设计稿后等着前端看情况把它变成响应式网页。

响应式设计有如下几个关键点：

1. 移动优先

移动优先是移动互联网浪潮下应运而生的理念。移动优先并不是指移动更重要，响应式设计理念里设备是同等重要的。手机正在迅猛增长，手机超越PC成为最主流的上网方式，这个趋势是不可逆的，而移动优先指的是优先设计手机端的体验。

手机让设计更为专注，强迫设计阶段就需想清楚什么信息是最重要的。因为手机屏幕小，每屏呈现的内容少；触屏手机使用手指操作而非鼠标这样的精密设备来操作，对操作有更高要求；手机使用场景更加丰富，很多场景里的用户是缺乏耐心的，更需要优先展示最重要的内容。此外，手机上的许多特性让设计更强大。手机上的语音输入、地理位置定位、丰富的手势操作、越来越多的传感器,手机交互比PC拥有更多可能性。手机从开始设计,就该思考如何发挥这些特性。

2. 响应式框架

根据手机端的框架拓展出平板和PC端框架。这是复杂产品实现响应式设计的关键步骤,它是让众多页面有条理地响应起来的基础。首先确定响应式模式,即从手机到平板到PC,导航怎么变化,页面布局用哪种响应方式,根据内容优先级如何调整模块顺序等。

3. 响应式模块设计

按照移动优先的原则应该先进行移动端的模块细节设计,不过根据业务场景也可能从PC端开始设计模块细节。因为PC端开发能够充分暴露业务复杂度,项目团队的设计、开发、测试在PC环境下拥有成熟的工具和流程,从PC开始让开发过程更顺畅。所以移动优先是确定内容策略时应该遵循的理念,细节设计和开发过程是否要移动优先,取决于产品定位和项目团队情况。

PC端页面模块细节和风格拼贴稿完成后,剩下的工作是拓展出平板和手机端的完整设计稿,进行响应式模块设计时最需要关注的仍然是让操作符合设备习惯,充分利用设备特性。

最后,别忘了从可用性和可访问性角度进行响应式测试,在真实设备下测试页面效果。

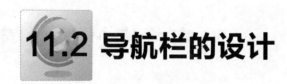

11.2 导航栏的设计

首先设计网站的导航,本节将从列表的实现和弹出式菜单的实现两个方面进行介绍扁平化公司主页的导航栏的设计。

11.2.1 列表的实现

对于PC端的导航,我们采用列表的形式展示。
设计HTML结构:

```
01  <div id="header-wrapper" class="wrapper">
02      <div class="container">
03          <div class="row">
04              <div class="12u">
05
06                  <!-- Header -->
07                  <div id="header">
08
09                      <!-- Logo -->
10                      <div id="logo">
11                          <h1><a href="#">响应式设计</a></h1>
12                          <span class="byline">响应式设计已成为最新
```

的Web设计趋势,并且已成为人们热议的话题。</span>
```
13                           </div>
14                           <!-- /Logo -->
15
16                           <!-- Nav -->
17                           <nav id="nav">
18                               <ul>
19                                   <li class="current_page_item"><a href="index.html">首页</a></li>
20                                   <li>
21                                       <span>Dropdown</span>
22                                       <ul>
23                                           <li><a href="#">响应式图片</a></li>
24                                           <li><a href="#">响应式视频</a></li>
25                                           <li><a href="#">响应式导航</a></li>
26                                           <li>
27                                               <span>响应式布局</span>
28                                               <ul>
29                                                   <li><a href="#">自适应布局</a></li>
30                                                   <li><a href="#">固定布局</a></li>
31                                                   <li><a href="#">混合布局</a></li>
32                                               </ul>
33                                           </li>
34                                           <li><a href="#">Nisl tempus</a></li>
35                                       </ul>
36                                   </li>
37                                   <li><a href="right-sidebar.html">侧边栏</a></li>
38                                   <li><a href="left-sidebar.html">左侧导航</a></li>
39                                   <li><a href="no-sidebar.html">无导航</a></li>
40                               </ul>
41                           </nav>
42                           <!-- /Nav -->
43
44                       </div>
45                       <!-- /Header -->
46
47                   </div>
48               </div>
49           </div>
50       </div>
```

CSS样式代码：

```css
01  #nav {
02      position: absolute;
03      display: block;
04      top: 2.5em;
05      left: 0;
06      width: 100%;
07      text-align: center;
08  }
09
10  #nav > ul > li > ul {
11      display: none;
12  }
13
14  #nav > ul {
15      display: inline-block;
16      border-radius: 0.35em;
17      box-shadow: inset 0px 0px 1px 1px rgba(255,255,255,0.25);
18      padding: 0 1.5em 0 1.5em;
19  }
20
21  #nav > ul > li {
22      display: inline-block;
23      text-align: center;
24      padding: 0 1.5em 0 1.5em;
25  }
26
27  #nav > ul > li > a,
28                  #nav > ul > li > span {
29      display: block;
30      color: #eee;
31      color: rgba(255,255,255,0.75);
32      text-transform: uppercase;
33      text-decoration: none;
34      font-size: 0.7em;
35      letter-spacing: 0.25em;
36      height: 5em;
37      line-height: 5em;
38      -moz-transition: all .25s ease-in-out;
39      -webkit-transition: all .25s ease-in-out;
40      -o-transition: all .25s ease-in-out;
41      -ms-transition: all .25s ease-in-out;
42      transition: all .25s ease-in-out;
43      outline: 0;
44  }
45
46  #nav > ul > li:hover > a,
47                  #nav > ul > li.active > a,
48                  #nav > ul > li.active > span {
49      color: #fff;
```

```css
50  }
51
52  .dropotron {
53      background: #222835 url('images/overlay.png');
54      background-color: rgba(44,50,63,0.925);
55      padding: 1.25em 1em 1.25em 1em;
56      border-radius: 0.35em;
57      box-shadow: inset 0px 0px 1px 1px rgba(255,255,255,0.25);
58      min-width: 12em;
59      text-align: left;
60  }
61
62  .dropotron-level-0 {
63      margin-top: -1px;
64      border-top-left-radius: 0;
65      border-top-right-radius: 0;
66  }
67
68  .dropotron a,
69            .dropotron span {
70      display: block;
71      color: #eee;
72      color: rgba(255,255,255,0.75);
73      text-transform: uppercase;
74      text-decoration: none;
75      font-size: 0.7em;
76      letter-spacing: 0.25em;
77      border-top: solid 1px rgba(255,255,255,0.15);
78      line-height: 3em;
79      -moz-transition: all .25s ease-in-out;
80      -webkit-transition: all .25s ease-in-out;
81      -o-transition: all .25s ease-in-out;
82      -ms-transition: all .25s ease-in-out;
83      transition: all .25s ease-in-out;
84  }
85
86  .dropotron li:first-child a,
87            .dropotron li:first-child span {
88      border-top: 0;
89  }
90
91  .dropotron li:hover > a,
92            .dropotron li:hover > span {
93      color: #fff;
94  }
```

展示效果如图11.1所示。

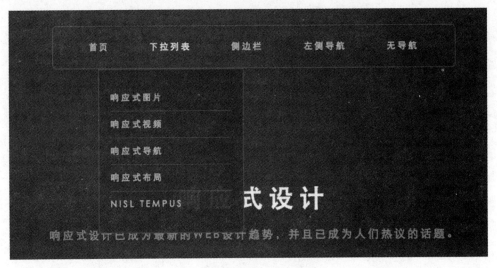

图11.1 列表式导航

11.2.2 弹出式菜单的实现

设计HTML结构与11.2.1节中的HTML代码结构一致，但需要修改CSS样式代码：

```
01  #navPanel {
02      background: #242730 url('images/overlay.png');
03      box-shadow: inset -3px 0px 4px 0px rgba(0,0,0,0.1);
04  }
05
06  #navPanel .link {
07      display: block;
08      color: rgba(255,255,255,0.5);
09      text-transform: uppercase;
10      text-decoration: none;
11      font-size: 0.85em;
12      letter-spacing: 0.15em;
13      text-decoration: none;
14      height: 44px;
15      line-height: 44px;
16      border-top: solid 1px rgba(255,255,255,0.05);
17      margin: 0 15px 0 15px;
18  }
19
20  #navPanel .link:first-child {
21      border-top: 0;
22  }
```

展示效果如图11.2所示。

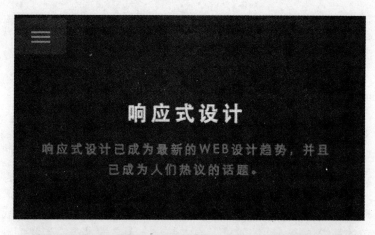

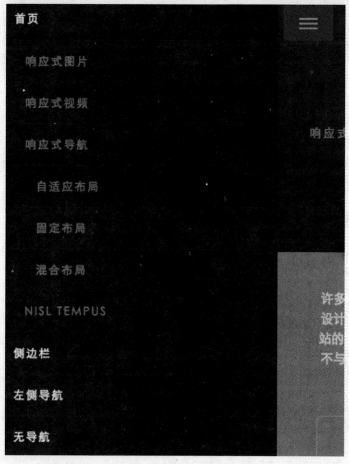

图11.2 弹出式导航

11.3 主功能部分的设计

本节介绍扁平化公司主页的主功能部分的设计。

11.3.1 什么是视差滚动效果

视差滚动（Parallax Scrolling）是指让多层背景以不同的速度移动，形成立体的运动效果，带来非常出色的视觉体验。视差效果，原本是一个天文学术语，当我们观察星空时，离我们远的星星移动速度较慢，离我们近的星星移动速度则较快。当我们坐在车上向车窗外看时，也会有这样的感觉，远处的群山似乎没有在动，而近处的稻田却在飞速掠过。许多游戏中都使用视差效果来增加场景的立体感。说得简单点，就是网页内的元素在滚动屏幕时发生的位置的变化，然而各个不同的元素位置变化的速度不同，导致网页内的元素有层次错落的错觉，这和我们人体的眼球效果很像。我看到多家产品商用视差滚动效果来展示产品，从不同的空间角度和用户体验，起到了非常不错的效果。

通过一个很长的网页页面，其中利用一些令人惊叹的插图和图形，并使用视差滚动（Parallax Scrolling）效果，让多层背景以不同的速度移动，形成立体的运动效果，带来非常出色的视觉体验。完美地展示了一个复杂的过程，让你犹如置身其中。

11.3.2 视差效果的实现

视差滚动效果的主要特点有：

- 直观的设计，快速的响应速度，更合适运用于单页面
- 差异滚动 分层视差

单页面上很多元素在相互独立地滚动，如果我们来对其他分层的话，可以有两到三层：背景层，内容层，贴图层。

视差滚动的实现规则：

- 背景层的滚动（最慢）
- 贴图层（内容层和背景层之间的元素）的滚动（次慢）
- 内容层的滚动（可以和页面的滚动速度一致）

让三个图层的滚动速度不一致，就做出了漂亮的差异滚动效果。视差效果还有一些实现技巧：

- 运用大背景

这些背景图像一般是高分辨率、大图、覆盖整个网站。高清照片是一个迅速抓住观众的好方式，可以产生极具冲击力的视觉效果，用户的视线会不自觉地落在宽大的背景上。注意背景图的色彩、内容在选择时要十分讲究，前提是不要破坏用户的体验，不然再漂亮的照片

也是枉然。图片类型最好选取趋向于一些比较柔和、略带透明的一类，不要影响到网站主体内容的阅读，讲究协调。以大量图片为特色的页面应该考虑图像的预加载问题，以便为用户提供更好更流畅的视觉体验。

- 用简单的配色方案

没有比纯色的背景更直观更简洁。纯色可以有很多种表达方式，一个视差区间内颜色最好保持使用2到3种，我们可以调整颜色的透明度来达到各种视觉效果。

- 定位好背景层、贴图层和内容层之间的关系

根据页面自身的功能来定义是否需要贴图层，贴图层的存在是为了更有效地传达视觉效果，但如果它成为干扰，就会违背了视差使用的初衷。内容层的展现是最主要的，无论背景层和贴图层有多少花哨，在设计师设计过程中，内容层对用户的展示是最优先的。

- 叙述故事

有力的表现、简约的风格和设计的美感共同构成了一个出色的交互式叙事体验。若能够成功地把有力的信息和漂亮的执行力结合起来，就能创造出人们喜欢并且享受的体验。

视差滚动效果最常见的实现方法是在CSS中定义背景图片随滚动轴的移动方式的属性是background-attachment，其取值及含义如下：

- scroll: 默认值。背景图像会随着页面其余部分的滚动而移动。
- fixed: 当页面的其余部分滚动时，背景图像不会移动。
- inherit: 规定应该从父元素继承 background-attachment 属性的设置。

设计视差效果的HTML结构如下：

```
01 <div id="main">
02     <div class="header">
03         <img src="pic01.jpg">
04     </div>
05     <div class="bg-attachment">
06         <div class="shadow"></div>
07     </div>
08     <div class="header">
09         <img src="pic01.jpg">
10     </div>
11     <div class="bg-attachment div2">
12         <div class="shadow"></div>
13     </div>
14 </div>
```

CSS样式代码：

```
01 body{
02     text-align:center;
03     background-attachment:fixed;
04 }
05 #main{
06     width: 1280px;
07     margin:auto
```

```
08    }
09    .header{
10        background:#fff;
11        padding: 10px 0
12    }
13    .bg-attachment{
14        background:url(6.jpg) center center no-repeat;
15        box-shadow:0 7px 18px #000000 inset,0 -7px 18px #000000 inset;
16         -webkit-box-shadow:0  7px 18px #000000 inset,0 -7px 18px #000000 inset;
17         -moz-box-shadow: 0  7px 18px  #000000 inset,0  -7px  18px  #000000 inset;
18         -o-box-shadow: 0 7px 18px #000000 inset,0 -7px 18px #000000 inset;
19         -ms-box-shadow: 0 7px 18px #000000 inset,0 -7px 18px #000000 inset;
20        background-attachment:fixed;
21    }
22    .bg-attachment .shadow{
23        width:80%;
24        height:700px;
25        overflow:hidden;
26        margin:auto;
27    }
28    .div2{
29        background:url(pic01.jpg) center center no-repeat;
30        background-attachment:fixed;
31    }
```

截图无法展示视差效果，欲知详情，请参考本书附带源码。

另外，可以使用视差插件，例如 Parallaxjs 等。有非常多的类似的插件，本节就不再赘述了。

11.3.3 图文列表的实现

很多页面都会使用图文列表，尤其是在调用最新活动和最新文章的时候，都常常使用图文列表来展示。

设计HTML结构：

```
01    <section id="features">
02        <header class="style1">
03            <h2>响应式设计</h2>
04            <p class="byline">响应式设计已成为最新的Web设计趋势，并且已成为人们热议的话题。</p>
05        </header>
06        <div class="feature-list">
07            <div>
08                <div class="row">
09                    <div class="6u">
10                        <section>
11                            <h3 class="icon icon-comment">响应式网页中的元素</h3>
12                            <p>响应式网页中的元素响应式网页中的元素响应式网页中的元
```

```
素响应式网页中的元素响应式网页中的元素响应式网页中的元素</p>
13                    </section>
14                </div>
15                <div class="6u">
16                    <section>
17                        <h3 class="icon icon-refresh">响应式布局</h3>
18                        <p>响应式布局响应式布局响应式布局响应式布局响应式布局响
应式布局响应式布局响应式布局响应式布局响应式布局</p>
19                    </section>
20                </div>
21            </div>
22            <div class="row">
23                <div class="6u">
24                    <section>
25                        <h3 class="icon icon-picture">响应式导航</h3>
26                        <p>响应式导航 响应式导航 响应式导航 响应式导航 响应式
导航 响应式导航 响应式导航 响应式导航 响应式导航 </p>
27                    </section>
28                </div>
29                <div class="6u">
30                    <section>
31                        <h3 class="icon icon-cog">响应式多媒体</h3>
32                        <p>响应式多媒体 响应式多媒体 响应式多媒体 响应式多媒体
响应式多媒体 响应式多媒体 响应式多媒体 </p>
33                    </section>
34                </div>
35            </div>
36            <div class="row">
37                <div class="6u">
38                    <section>
39                        <h3 class="icon icon-wrench">响应式设计框架</h3>
40                        <p>响应式设计框架响应式设计框架响应式设计框架响应式设计
框架响应式设计框架响应式设计框架响应式设计框架响应式设计框架</p>
41                    </section>
42                </div>
43                <div class="6u">
44                    <section>
45                        <h3 class="icon icon-check">响应式网站设计实战</h3>
46                        <p>响应式网站设计实战响应式网站设计实战响应式网站设计实
战响应式网站设计实战响应式网站设计实战响应式网站设计实战响应式网站设计实战
</p>
47                    </section>
48                </div>
49            </div>
50        </div>
51    </div>
52    <ul class="actions actions-centered">
53        <li><a href="#" class="button button-style1 button-big">开始实践
</a></li>
54        <li><a href="#" class="button button-style2 button-big">更多内容
</a></li>
```

```
55        </ul>
56   </section>
```

CSS样式代码：

```
01  <div role="navigation" id="nav" class="opened">
02  #features {
03       padding: 0 6em 0 6em;
04  }
05
06  #features header.style1 {
07       padding-bottom: 5em;
08  }
09
10  #features .actions {
11       margin-top: 5em;
12  }
13  .feature-list section {
14       padding: 2em 0 2em 0;
15  }
16
17  .feature-list .row {
18       border-top: solid 1px #eee;
19  }
20
21  .feature-list .row:first-child {
22       border-top: 0;
23  }
24
25  .feature-list .row:first-child section {
26       padding-top: 0;
27  }
28
29  .feature-list .row:last-child {
30  }
31
32  .feature-list .row:last-child section {
33       padding-bottom: 0;
34  }
35
36  .feature-list h3 {
37       margin: 0 0 0.75em 0;
38       font-size: 1.15em;
39       letter-spacing: 0.05em;
40       margin-top: -0.35em;
41  }
42
43  .feature-list h3:before {
44       width: 64px;
45       height: 64px;
46       line-height: 64px;
```

```
47        margin-right: 0.75em;
48        font-size: 32px;
49        top: 0.2em;
50    }
51
52    .feature-list p {
53        margin: 0 0 0 5em;
54    }
```

设置手机上展示的图文列表样式：

```
01    /*mobile*/
02    .feature-list > div > div:first-child > div:first-child > section {
03        border-top: 0;
04        padding-top: 0;
05    }
06
07    .feature-list h3 {
08        position: relative;
09        padding: 4px 0 0 48px;
10        line-height: 1.25em;
11    }
12
13    .feature-list h3:before {
14        position: absolute;
15        left: 0;
16        top: 0;
17        width: 32px;
18        height: 32px;
19        line-height: 32px;
20        font-size: 16px;
21    }
22
23    .feature-list p {
24        margin: 0 0 0 48px;
25    }
26
27    .is-post-excerpt {
28    }
29
30    .is-post-excerpt .image-left {
31        position: relative;
32        top: 0.25em;
33        width: 25%;
34        margin: 0;
35    }
36
37    .is-post-excerpt h3,
38            .is-post-excerpt p {
39        margin-left: 32.5%;
40    }
```

展示效果如图11.3和图11.4所示。

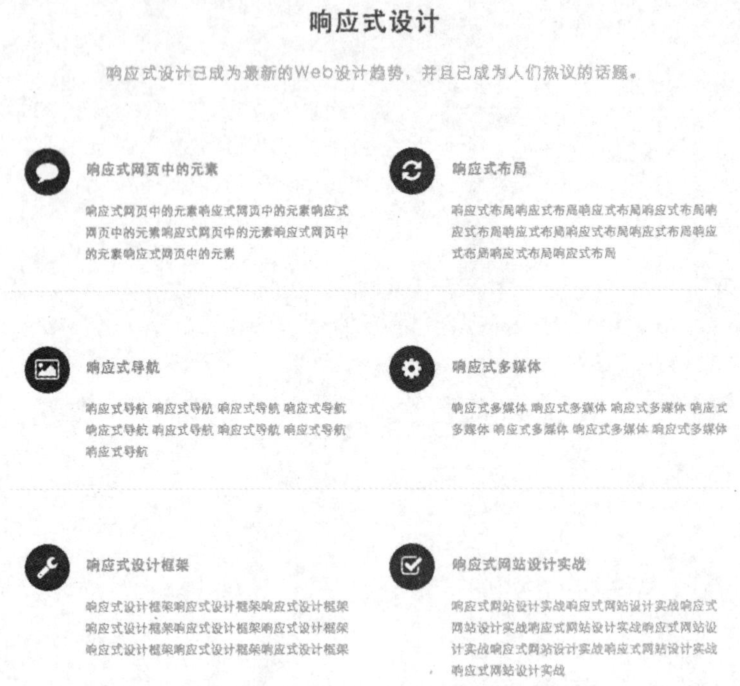

图11.3 图文列表PC端展示

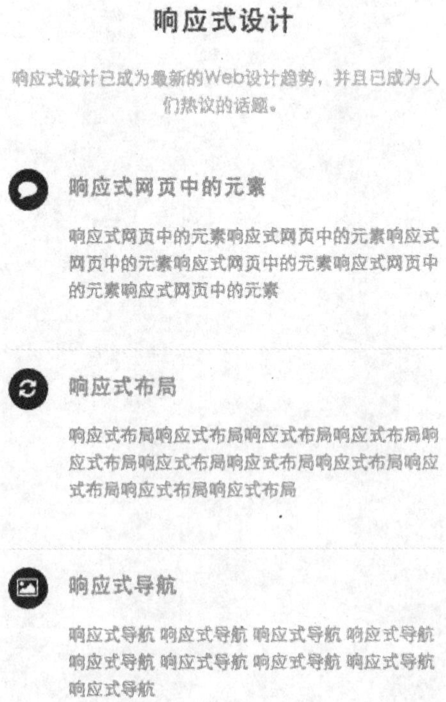

图11.4 图文列表手机端展示

 11.4 小结

　　在本章中，首先介绍了响应式设计的关键点，移动优先与模块化设计是非常重要的。其次介绍了导航栏的设计、图文列表的实现以及底部边栏的设计与实现。当然，有时为了快速搭建网站，常常使用开源的网站模板进行搭建，这也是非常快速的方法，你可以借助这些优秀的网站模板创建自己优秀的网站。

附录　CSS 3选择器使用一览

f1.1　标签选择器

标签选择器是最简单的选择器，它的命名只要和对应的HTML标签相同即可，例如：

```css
h1{
font-size:30px;
color:#333;
}
```

这里的h1就是标签选择器，在实际项目中，标签选择器一般用于定义全局样式。和Office中的Word类似，在全局定义中预定义好正文和标题的样式、段落之间的间距、图片的最大宽度和对齐方式等等。全局定义只需要定义一次，可以在本文档的任何地方使用，如果修改，也只需要修改一次。合理地使用标签选择器定义全局样式，可以大大减轻开发和维护的工作量。

下面是节选Bootstrap框架中关于标题的全局定义，读者可以研习标签选择器在实际项目中的应用。

```css
h1,h2,h3,h4,h5,h6 {
  margin: 10px 0;
  font-family: inherit;
  font-weight: bold;
  line-height: 20px;
  color: inherit;
  text-rendering: optimizelegibility;
}

h1,h2,h3 {
  line-height: 40px;
}

h1 {font-size: 38.5px;}
h2 {font-size: 31.5px;}
h3 {font-size: 24.5px;}
h4 {font-size: 17.5px;}
h5 {font-size: 14px;}
h6 {font-size: 11.9px;}
```

f1.2　类选择器

类选择器也称为class选择器，它的语法非常简单，在class名称前面加上一个"."符号。

例如：

```
<div class="red content"></div>
.red{
  background:red;
}
.content{
  height:100px;
  width:100%;
}
```

由于一个HTML标签可以定义多个class属性，因此在实际应用中，类选择器成为最灵活、应用最广泛的选择器。基本上任何样式定义都可以通过为元素追加class属性，然后定义该class的样式来完成，可谓是万金油方法。

> **注意** 从代码的可读性、可维护性角度来讲，不要滥用类选择器，尽量不要为一个标签添加多于两个的class属性。尽量为class指定有意义的命名，避免x1、x2、y1、y2这样的无意义命名。如果项目比较庞大，可以考虑在命名时进行单词的组合，比如control-group、control-user这样的命名。

下面仍然节选一段Bootstrap中的代码供读者参考：

```
.icon-heart {
  background-position: -96px 0;
}
.icon-star {
  background-position: -120px 0;
}
.icon-star-empty {
  background-position: -144px 0;
}
.icon-user {
  background-position: -168px 0;
}
.icon-film {
  background-position: -192px 0;
}
```

注意看这里的命名规则，icon开头表示这个class是在描述一个icon（小图标），而后缀则表示这个icon的意义，比如icon-heart一看就知道是一个心形图标的意思，这样即使不看实际效果，也能知道这段CSS的作用，大大提高了代码的可读性。

f1.3 id选择器

id选择器的语法是一个"#"号加上id的名称，例如：

```
<div id = "user_123"></div>

#user_123{
```

```
    width:120px;
    line-height:30px;
    height:30px;
}
```

一个HTML元素只能对应一个id,所以id选择器在灵活性上不如class选择器,因此在实战中很少会直接在CSS文件中为id定义样式。

id选择器在实战中一般有两个用途:

- id选择器拥有最高的权重,因此可以用于覆盖之前的一些定义。
- 和后台数据对应,从而配合JavaScript进行一些逻辑操作。

f1.4 通配符选择器

通配符的意思就是用一个符号来代替某些字符,如在Word中要搜索以com开头的所有单词,可以用"com*"来做搜索关键字,这个*表示任意字符,这个时候可能就会搜到computer、compact、combo等以com开头的单词。

CSS从CSS 2时代开始就引入了一种简单选择器——通配符选择器(universal selector),它以星号(*)开始,该选择器可以与任意元素匹配。例如,下面的规则可以使文档中的每个元素都显示为红色:

```
* {color:red;}
```

这个声明等价于列出了文档中所有元素的一个分组选择器。

通配符选择器在实际开发中可用于定义全局样式,不过使用标签选择器也能获得类似效果,例如:

```
body{color:red}
html{color:red}
```

> 注意 通配符选择器的权重是最低的,因此只要有其他的定义,使用通配符选择器进行的定义就会被覆盖。

f1.5 子元素选择器

子元素选择器用于表示某些特定HTML嵌套关系时的样式展现,其语法关键词是一个">"符号。例如:

```
//HTML代码:
<li><a href='#'>www.baidu.com</a></li>
<li><div><a href='#'>www.baidu.com</a></div></li>
//CSS代码:
li > a{
    color:blue;
}
```

">"左边是父元素,右边是子元素。上面的代码就表示第一个列表项(<li>)中的链接(<a>)为蓝色,而其他地方的链接则不受影响。

> **注意** 如果两个元素不是严格的"父子关系",则使用子元素选择器的定义不会生效。例如上面HTML代码中的第2个列表项的文字就不会被设置为蓝色。

f1.6 后代元素选择器

后代元素选择器类似于子元素选择器,只不过它的要求不那么严格。它的语法关键词是一个空格,例如:

```
//HTML代码:
<li><a href='#'>www.baidu.com</a></li>
<li><div><a href='#'>www.baidu.com</a></div></li>
//CSS代码:
li a{
  color:blue;
}
```

只要链接(<a>)标签是列表项(<li>)的后代元素即可,如上面的HTML代码,两个链接的文字都会被设置为蓝色。

> **注意** 读者一定要分清楚后代元素选择器和子元素选择器的区别,后代包括子辈、孙子辈、曾孙子辈等等,而子元素只包括子辈。

f1.7 相邻元素选择器

相邻元素选择器用于选取和某个元素相邻的同级元素,其语法关键词是一个"+"符号,例如:

```
//HTML代码
<div class="content">
  <h1>测试</h1>
  <p>测试内容</p>
</div>
//CSS代码:
h1+p{
  font-size: 15px;
}
```

上面的CSS代码定义了和h1标题(<h1>)相邻的段落(<p>)的样式。

相邻元素选择器的使用有两个条件:

- 二者必须拥有同一个父元素
- 二者相邻

相邻元素选择器在实际应用中往往会和其他选择器配合使用,例如:

```
body > .content h1+p{
  font-size: 15px;
  font-weight: bold;
}
```

这段代码表示body的子元素.content中如果存在后代元素h1,则最终定义的是和h1元素相邻的p元素的样式。

f1.8 属性选择器

HTML元素中除了id、class等通用的属性以外,有些标签还可以添加其他的属性,比如title、href、name等。在CSS选择器中,开发者也可以通过判断某些属性是否存在或者通过属性的值来选取HTML元素,这时就需要用到属性选择器。属性选择器的语法关键词是一对中括号"[]",例如:

```
[title] {
color:red;
}                /*所有拥有title属性的元素的文字颜色设为红色*/

a[href][title] {
color:red;
}                /*同时拥有href和title属性的a标签的文字颜色设为红色*/
```

由第2段代码可以发现,属性选择器可以进行链式调用,从而缩小选择范围。

上面这个例子是根据属性是否存在来进行选择,只需要在[]中填入属性名即可。我们还可以通过为属性赋值来选取拥有特定属性值的元素,例如:

```
a[href="http://www.baidu.com"][title="百度"] {
color: red;
}
```

这样只有href=http://www.baidu.com且title="百度"的链接(<a>)文字才会被设置为红色。

在应用属性选择器时还可以使用通配符来进行模糊匹配,例如:

```
a[src^="https"]  /*选择其src属性值以"https"开头的每个<a>元素。*/
a[src$=".pdf"]   /*选择其src属性以".pdf"结尾的所有<a>元素。*/
a[src*="abc"]    /*选择其src属性中包含"abc"子串的每个<a>元素。*/
```

注意 使用通配符的属性选择器是CSS 3新加入的特性,IE 9以前的浏览器无法兼容。

f1.9 组选择器

如果要对多个元素定义同样的样式,则用组选择器来缩减重复代码。组选择器的语法关键字是一个",""(英文的逗号),例如:

```
h1, h2, h3,h4,h5,h6{
font-wight:bold
```

这段代码表示从h1~h6都采用加粗字体。使用组选择器就可以避免一个一个地定义相同或局部相同的属性，从而使得CSS样式表更为整洁易读。

下面节选一段Bootstrap中应用组选择器的实例：

```css
button,
input,
select,
textarea {
  margin: 0;
  font-size: 100%;
  vertical-align: middle;
}

button,
input {
  *overflow: visible;
  line-height: normal;
}

button::-moz-focus-inner,
input::-moz-focus-inner {
  padding: 0;
  border: 0;
}

button,
html input[type="button"],
input[type="reset"],
input[type="submit"] {
  cursor: pointer;
  -webkit-appearance: button;
}
```

通过阅读以上代码读者可以发现，组选择器是可以跟其他选择器（如这个例子中出现的属性选择器）共同使用。

f1.10 复合选择器

如果说组选择器相当于一种并集，或者常说的"或"（||）关系的话，那么复合选择器就表示"与"（&）的关系。它的用法很简单，将两个有可能发生"与"关系的选择器连在一起就行了，例如：

```css
p.test{                /*注意中间不要有空格，否则就会被识别成后代选择器了*/
  color:red;
}

<p class="test">hehe</p>
<div>hehe</div>
```

```
<div class="test">hehe</div>
<p>hehe</p>
```

只有第1个段落（<p>）中的文字会被设置为红色，因为它同时满足了p元素和class="test"两个条件。

> 注意 应用复合选择器时，标签选择器一定要写在最前面，否则无法识别。

f1.11 结构化伪类

结构化伪类这个词乍一看不知道是什么意思，其实就是可以根据文档的结构来选取元素，在CSS 3出现前，只有一个:first-child可以使用，CSS 3对结构化伪类进行了极大地丰富，让开发者可以根据元素在文档中的结构索引来进行多样选择。

笔者首先给出一个基本的样例，本小节后面的所有介绍都基于此样例。样例代码如下：

```
<style>
ul > li {
  display: inline-block;
  height:24px;
  line-height: 24px;
  width:24px;
  font-size: 15px;
  text-align: center;
  background-color: rgb(226, 129, 129);
  border-radius: 4px;
  margin:5px;
}
</style>
<ul class="test">
  <li>1</li>
  <li>2</li>
  <li>3</li>
  <li>4</li>
  <li>5</li>
  <li>6</li>
  <li>7</li>
  <li>8</li>
  <li>9</li>
  <li>10</li>
</ul>
<div>
  <ul class="test_one">
    <li>1</li>
    <li>2</li>
    <li>3</li>
    <li>4</li>
    <li>5</li>
    <li>6</li>
    <li>7</li>
```

```
    <li>8</li>
    <li>9</li>
    <li>10</li>
  </ul>
</div>
```

1. :nth-child(n)

":nth-child(n)"选择器中的n表示一个简单的表达式，它可以是大于等于0的整数，比如在基础样例中应用：

```
li:nth-child(2){
background-color:#333;
color:white;
}
```

n取2，就是取某个父元素内第2个<li>元素，即需要同时满足两个条件：

- 是不是第2个
- 是不是<li>元素

如果两个都满足则生效。

这里的n不仅仅能指定某个特定值，还可以进行相应的计算，譬如:nth-child(n)，这种用法相当于全选，例如：

```
li:nth-child(n){
background-color:#333;
color:white;
}
```

这里的变量只能用字母n来表示，其他诸如x、m这些是不行的。

:nth-child(2n)则表示所有的偶数项，例如：

```
li:nth-child(2n){
background-color:#333;
color:white;
}
```

如果这里取3n的话则会选取3、6、9项，如果取2n+1则会选取所有的奇数项，依次类推即可。

:nth-child(n+5)这个选择器是选择从第5个元素开始进行全选（这个数字5可以自己定义），如：

```
li:nth-child(n+5){
background-color:#333;
color:white;
}
```

IE 6~8和FF 3-浏览器不支持":nth-child"选择器。

2. :nth-last-child(n)

":nth-last-child()"选择器和前面的":nth-child()"很相似,只是这里多了一个last,所以它起的作用就和":nth-child"选择器获取元素的顺序正好相反,是从最后一个元素开始计算。这里不再举例,读者可以把前面的几个:nth-child()代码换成:nth-last-child()。

3. :nth-of-type(n)

":nth-of-type(n)"选择器和前面介绍的":nth-child(n)"类似,区别在于,如果使用p:nth-child(3)这样的条件时,一旦第3个元素不为<p>元素,这个选择器就不起作用,而p:nth-of-type(n)则查询的是第3个<p>元素。

如果把两个列表中的第3个元素的<li>都换成<div>,对第1个列表使用li:nth-of-type(3),第2个列表使用li:nth-child(3):

```
//第1个列表
li:nth-of-type(3){
  background:#333;
  color: white;
}
//第2个列表
li:nth-child(3){
background-color:#333;
color:white;
}
```

如果不加标签类型,在使用:nth-of-type(n)时就会自动选择所有并列元素的第n个,如下例:

```
:nth-of-type(1){
  background:red;
}
<body>                                    /*第一层的第一个元素*/
<div>                                     /*第二层的第一个元素*/
    <ul class="test_one">        /*第三层的第一个元素*/
      <li>1</li>                          /*第四层的第一个元素*/
      <li>2</li>
    </ul>
</div>
</body>
```

每一层的第1个元素的背景都被设为红色,看到的效果就是整个背景变成红色了。如果将1改为2,那么只有<li>2</li>的背景变为红色。

4. :nth-last-of-type(n)

":nth-last-of-type()"选择器和前面的":nth-of-type()"的区别只是获取元素的顺序相反,是从最后一个元素开始计算,例如:

```
li:nth-last-of-type(3){
  background:#333;
  color: white;
```

```
}
```

5. :last-child

":last-child"选择的是元素的最后一个子元素。比如说,我们需要单独给列表最后一项设置不同的样式,就可以使用这个选择器。

> 注意::last-child是CSS 3新增的伪类选择器,而与之对应的:first-child则是在CSS 2就已经加入了。IE 6不支持:first-child选择器,IE6~8不支持:last-child选择器。

6. :first-of-type和:last-of-type

:first-of-type相当于:nth-of-type(1),:last-of-type相当于:nth-last-of-type(1),例如:

```
<style>
  p:last-of-type{
    color:blue;
  }
  p:first-of-type{
    color:red;
  }
</style>

<div>
  <p>今天早上吃稀饭</p>
  <p>今天中午吃面条</p>
  <p>今天晚上吃米饭</p>
</div>
```

7. :only-child

如果一个父元素只有一个子元素,那么选取这个子元素。如果加了限定条件,例如p:only-child则取交集,即如果一个父元素只有一个子元素,且这个子元素为<p>,这个选择器才会生效,如下面这个例子:

```
<style>
  p:only-child{
    color:red;
  }
</style>

<div>
  <p>only-child</p>
</div>
<div>
  <div>only-child</div>
</div>
<div>
  <p>not-only-child</p>
  <p>not-only-child</p>
</div>
```

8. :only-of-type

基本同:only-child,区别在于如果不指定type而直接使用:only-of-type的话会造成body被选择,而:only-child不会出现这种情况:

```html
<style>
  :only-child{
    color:red;
  }
  :only-of-type{
    color:red;
  }
</style>

<div>
  <p>only-child</p>
</div>
<div>
  <p>not-only-child</p>
  <p>not-only-child</p>
</div>
```

这段代码测试分别使用:only-child和:only-of-type时的情况,使用:only-of-type会对HTML文档里所有body中的元素生效。当然,如果添加了其他条件限制,使用:only-child和:only-of-type是没有区别的。

9. :root

选择文档的根元素,对于HTML文档来说,根元素永远是<html>标签,由于:root是一个CSS 3选择器,不兼容IE 6~8,因此建议在实际开发中使用标签选择器来代替:root。:root示例如下:

```css
:root{
  background:white;
}
html{
  background:white;
}
/*这两段代码是等效的*/
```

10. :empty

:empty是用来选择没有任何内容的元素,这里所说的没有内容指的是一点内容都没有,哪怕是一个空格。比如,有3个段落,其中一个段落完全是空的,但是段落标签还是会根据CSS的设置占据空间,想让这个p不显示,那么可以这样来写:

```css
p:empty{
  display: none;
}
```

> 注意 IE 6~8浏览器不支持:empty选择器。

f1.12 目标伪类:target

URL前面有锚名称#，指向文档内某个具体的元素，例如<a href="#id_name"></a>。那么<div id="id_name"></div>这个被链接的元素就是目标元素（target element）。

":target"选择器可用于选取当前活动的目标元素，例如：

```
<style>
:target{
  border: 2px solid #D4D4D4;
background-color: #e5eecc;}
</style>
<a href="#a1">跳转至内容 1</a>   /*点击a1链接,则内容1的背景变为:target中的设置*/
<a href="#a2">跳转至内容 2</a>             /*点击a2链接,则内容2的背景变为:target中的
设置,a1恢复原状*/

<p id="a1"><b>内容 1...</b></p>
<p id="a2"><b>内容 2...</b></p>
```

> 注意 IE 6~8浏览器不支持:target选择器。

f1.13 状态伪类

CSS 3中新增了状态伪类选择器，用于表示表单元素的状态，虽然使用属性选择器可以达到相同的效果，但是使用状态伪类的语义性更强，更容易理解。不过遗憾的是IE 6~8等不支持CSS 3的浏览器仍然占有大量的市场份额，因此实战中不推荐使用状态伪类选择器，如果想实现相同的效果可以用属性选择器来代替。

1. :enabled和:disabled

表单元素可以设置disabled属性表示禁用，:enabled选择器用于选择所有可用的元素，而:disabled则用于选择所有已被禁用的元素，例如：

```
/*将被禁用的input元素设置为透明*/
input:disabled{
opacity:0;
}
```

由于这些选择器不兼容IE 6~8浏览器，所以目前不建议使用:disabled和:enabled，而采用属性选择器来代替：

```
/*使用属性选择器达到和使用:disabled一样的效果*/
input[disabled"]{
opacity:0;
}
```

2. :checked

input表单中的checkbox和radio都使用checked属性表示是否选中，只要checked属性存在，使用checked=false或checked=0都会表示单选/复选框被选中。

:checked选择器用于选择所有被选中的checkbox或者radio标签，例如：

```
/*将被选中的输入框设置为透明*/
input:checked{
opacity:0;
}
```

目前不建议使用:checked选择器，因为完全可以使用基础选择器中的属性选择器进行替代，而且兼容性上使用属性选择器可以兼容所有的浏览器：

```
/*使用属性选择器达到和使用:checked一样的效果*/
input[checked"]{
opacity:0;
}
```

3. :indeterminate和:default

:default状态伪类选择器用来指定当前元素处于非选取状态的单选按钮或复选框的样式；:indeterminate状态伪类选择器用来指定当页面打开时，某组中的单选按钮或复选框元素还没有选取状态时的样式。

注意 这两个选择器只有Opera浏览器才支持，因此强烈不建议使用。

f1.14 否定伪类:not(S)

CSS 3新加入的否定伪类可以使我们在针对某些特例进行排除时变得更为方便。:not(selector)选择器匹配非指定元素/选择器的每个元素，例如：

```
:not(p){
background-color: red;
}
```

上面这段代码表示将除了段落（<p>）标签以外的所有HTML元素的背景颜色都设置为红色。

:not(S)选择器还可以配合其他选择器一起使用，例如：

```
div :not(.test){
background: red
}
```

这段代码选择的是<div>标签的子元素中class不为test的所有其他元素。

注意 和其他CSS 3选择器一样，:not(S)选择器不支持IE 6~8。